산티아고 다이어리

산티아고 다이어리

길 위의 대화들

김재홍 지음

옐로브릭

추천의 글

– 김기석(청파교회 원로목사, 《고백의 언어들》 저자)

'*Solvitur ambulando!*'(걸으면 해결된다). 라틴어 격언이다. 알 것 같기도 하고 모를 것 같기도 하다. 걸으면 모든 문제가 어떻게 해결된다는 말인가? 느닷없이 닥쳐온 문제는 우리를 붙들어 한 지점에 고착시킨다. 부동의 시간, 문제는 점차 몸피를 크게 만든다. 부동 상태를 깨뜨리고 몸을 움직이는 순간, 새로운 기운이 우리 속에 생성된다. 압도적으로 보이던 문제가 상대화되면서 숨을 돌릴 여유 공간이 창조된다. 외적인 문제는 사라지지 않았지만 그 문제를 대하는 마음의 태도는 달라진다.

사방이 벽으로 가로막힌 것 같은 상황에 사로잡힐 때, 일상의 권태가 목까지 차오를 때, 숨이 쉬어지지 않는 것 같은 절망감이 엄습할 때 우리는 일상의 자리를 떠나 낯선 곳을 향한다. 낯선 곳에 머무는 이들은 자기의 취약함을 절감한다. '홀로'라는 사실이 둥두렷이 자각될 때 자기 자신과의 대화가 시작된다. 고독이 주는 선물이다.

산티아고 순례길을 걸은 사람은 많다. 길을 걷는 까닭은

십인십색이다. 순례자는 마치 대지를 발걸음으로 꿰매듯 그 먼 거리를 발밤발밤 걸어간다. 뙤약볕 밑을 걸을 때도 있고, 내리는 비를 고스란히 몸으로 받아내기도 한다. 외로움과 괴로움이 지극해지는 순간 순례자들은 문득 자기를 바라보는 한 시선을 느낀다. "내가 눈을 들어 산을 본다. 내 도움이 어디에서 오는가? 내 도움은 하늘과 땅을 만드신 주님에게서 온다. 주님께서는, 네가 헛발을 디디지 않게 지켜 주신다. 너를 지키시느라 졸지도 않으신다"(시 121:1-3). 그분에 대한 그리움이 순례자들을 걷게 한다.

그 길이 외롭기만 한 것은 아니다. 그 길은 수많은 사람들의 이야기가 빚어낸 것이기 때문이다. 각양각색의 사연을 품고 그 길을 걸은 사람들, 걷고 있는 사람들, 걸을 사람들. 그들의 마음이 장강처럼 구비구비 흘러가며 영적 풍경을 이룬다. 그 길 위에서 만난 이들은 하나의 중심을 향해 나아가는 동포들이다. 그렇기에 국적을 불문하고 벗이 된다. 서로의 이야기에 귀를 기울이는 동안 삶의 이해가 깊어진다. 마음의 응어리가 풀어지고 치유가 일어난다.

김재홍 목사가 조근조근 들려주는 《산티아고 다이어리》는 장소에 대한 이야기가 아니라 그 길 위에서 만난 사람들과 맺은 우정의 이야기다. 순례자라는 공통점이 없었더라면 도무지 만날 수 없었던 이들이 만나 우정을 나누고, 깊은 환대를 경험하는 일은 얼마나 아름다운가. 카미노는 적대감이 넘치는 세상에서 환대의 삶이 가능하다는 사실을 경험하게 하는 일종의 학교다.

순례는 일상으로 이어져야 한다. 사람들의 비릿한 욕망이 부대끼며 파열음이 그치지 않는 곳, 적대적인 시선을 보내는 이들이 있는 곳, 냉소적인 말과 혐오감을 서슴없이 드러내는 이들이 있는 곳, 그런 장소를 성화하는 것이야말로 더 큰 순례가 아닌가? 김재홍 목사가 순례의 여정을 통해 깊어진 사랑으로, 팔복의 징표로 우뚝 서기를 기도한다.

목차

책을 내며

생각했던 것보다 훨씬 좋았다. 산티아고로 떠나기 전 관련 서적과 영상들을 찾아보며 '나도 그곳에 가게 되면 저 사람들처럼 좋아하겠구나' 하고 생각했다. 그런데 직접 가서는 '어떻게 이렇게까지 좋을 수 있지?'라는 생각을 여러 번 했다.

산티아고 여행을 다녀와서 지인들에게 나의 여행기를 들려드린 적이 몇 번 있다. 그 중 한 모임에서 어떤 분이 이런 말씀을 하셨다. "요즘 별로 살고 싶은 마음이 없었는데, 순례 다녀오신 이야기를 들으니 살아야겠다는 생각이 들었습니다." 어떤 지점의 어떤 이야기가 그런 마음이 들게 만들었는지 알 수 없다. '바람이 분다, 살아야겠다'와 같은 것이 아니었을까 생각해 볼 뿐이다. 순례길에서 내가 만났던 바람과 숨이 그분께도 전달이 된 것 같았다.

이 책을 읽는 분께 그런 좋음이, 그런 바람이 전해지면 좋겠다.

산티아고 길을 걸으며 매일 일지를 적었다. 길의 풍경과 길 위에서 겪은 일과 만난 사람들과의 대화를 적었다. 그 일지를 바탕으로 이 책을 썼다. 기억을 되살려 소상히 적었다. 읽는 이가 함께 걷는 느낌이 들도록.

많은 이의 도움 덕에 갈 수 있었던 여행이었다. 혼자 떠나는 여행이었지만 그 마음들이 동행이 되었다. 그리고 좋은 책을 정갈하게 만드는 옐로브릭 출판사에 또 하나의 '브릭'(벽돌이란 뜻 이외에 친구라는 뜻도 있다)으로 참여하게 되어 기쁘고 감사한 마음이다.

20년간 나를 품어준 '푸른 언덕'과 그 언덕에 심긴 나무들에게, 그리고 산티아고 길을 같이 걸었던 이탈리아 친구들에게 이 책을 바친다.

프롤로그

20년 동안 한 곳에서 일했다. 40일 휴가라는 특별한 선물을 받았다. 그런데 그 선물을 갑자기 받게 되었고 급히 사용해야만 했다. '어디에 가지?' 오랫동안 묵혀두어 거의 잊고 지냈던 버킷리스트를 소환했다. '제주 한 달 살이? 유럽 자전거 여행? 또 뭐가 있더라?' 제주도는 언제고 갈 수 있다는 생각이 들었고, 유럽 자전거 여행은 내 무릎 상태로는 중도에 포기할 것 같았다. 서재를 살피다가 책 한 권이 눈에 들어왔다. 김남희 작가의 《소심하고 겁 많고 까탈스러운 여자 혼자 떠나는 걷기 여행2- 스페인 산티아고 편》. 산티아고가 한국에 많이 알려지지 않았을 때 쓴 여행기다. 읽는 순간 매료되었던 책이다. 그 옛날 예수님의 제자 야고보가 걸었던 길, 프랑스 남부에서부터 스페인 북서쪽 끝까지 800킬로미터를 걸어가는 길, 세계 각지에서 온 사람들이 걷다가 친구가 되는 곳, 파란 하늘과 광활한 대지가 끝없이 펼쳐지는 곳. '세상에 이렇게 멋진 길이 있다니. 별이 쏟아지는 들판(산티아고 순례의 종착지인 '콤포스텔라'의 뜻)이라니. 언젠가 나도 한 번 걸어보리라.' 책을 펼치자 처음 읽었던 때의 바람이 되살아났다. 오래 걸으면 욱신거리는 오른쪽 무릎이 걱정되기는 했지만, 지금 가지 않으면 다시는 걷지 못할 것 같았다. 사실 나이 오십이 넘어가며 생긴 문제는 무릎만이 아니었다. 어느 날 나는 호흡을 자유롭게 하지 못하는 나 자신을 발견했다. 가슴이 갑갑했다. 내게는 새로운 공기와 새로운 호흡이 필요했다.

준비를 시작했다. 무엇보다 걷기 연습을 해야 했다. 산티아고 길은 보통 하루에 20-30킬로미터를 걷는다. 쉬는 날 20킬로미터를 걸어보았다. 역시 무릎이 아팠다. 일단 하루에 10킬로미터씩 연습했다. 매일 20킬로미터를 걸을 시간도 없었거니와 몸이 따라 주지 않았다. 하루하루 출발 날짜가 다가왔다. 짐을 꾸렸다. 산티아고 여행자들은 보통 10킬로그램 이상의 짐을 꾸린다. 나는 7킬로그램으로 꾸렸다. 물품 가짓수를 최소화하고 가능한 한 경량 제품으로 준비했다. 빠진 게 있다면 현지에서 구입하기로 했다.

주변에 이미 산티아고를 다녀온 사람들이 있었다. 그분들에게 뭘 준비해야 하는지, 꼭 알고 가야 할 것들이 있는지 물어보았다. 대부분 산티아고 순례자들을 위한 인터넷 커뮤니티를 추천해 주었다. 요긴한 정보들이 많고 동행도 만날 수 있다고 했다. 인터넷 카페에 들어가 보니 정말 정보가 많았고 나와 같은 시기에 떠나는 이들도 있었다. 나는 고민 끝에 이번 여행의 원칙 하나를 정했다. '가능하면 한국 사람들과 같이 걷지 않는다.' 내게는 새로움이 필요했다. 익숙한 것에서 벗어나 완전히 새로운 세계 속에 홀로 서 보고 싶었다. '이왕 새로운 세계로 나아가니 새로움 속에 혼자 서 보자. 그 곳에서 나는 어떤 나인지 살펴보자'는 마음이었다. 그렇게 준비를 마쳤다.

산티아고의 친구들을 소개합니다

안토니오 − 이탈리아 순례자. 30대 후반. 창문 공사를 하는 엔지니어. 순례 첫날 산티아고의 시작점인 생장에서 만나 가장 많이 함께 걸은 동행. 깊은 고민이 있어 산티아고를 찾아옴.

필리포 − 이탈리아 순례자. 60대 중반. 안토니오와 마찬가지로 생장에서 만나 많은 길을 함께 걸음. 컴퓨터 회사에서 정년퇴직하고 산티아고를 찾아옴.

노에미 − 헝가리 순례자. 30대 후반. 발달장애아동 교사로 일하다가 삶에 지쳐 전환기를 갖기 위해 산티아고를 찾아옴.

스테파냐 − 이탈리아 순례자. 30대 중반. 여행자들을 위한 인터넷 서비스 사업 구상 중. 영어를 할 줄 알아 이탈리아 친구들과 나 사이의 통역을 맡아 줌.

루치아노 − 이탈리아 순례자. 70대 초반. 전직 기관사. 60대에도 산티아고 길을 걸은 바 있음.

벤 − 미국 순례자. 20대 중반. 산티아고 순례 중 가장 자주 만난 사람. 어머니와 여자친구와 함께 걸음.

제롬 - 프랑스 순례자. 40대 중반. 군인 출신의 공무원으로 4개 국어에 능통함. 마음이 잘 통해 속 깊은 대화를 나눈 친구.

바네사 - 영국 순례자. 50대 후반. 6년 동안 배 위에서 생활하고 있으며, 90개국을 여행했음.

월리 - 캐나다 순례자. 60대 중반. 세 번째 산티아고 순례를 옴. 은퇴 이후 집에서 정원을 가꾸며 지냄.

엘리 - 캐나다 순례자. 50대 중반. 공항 검색대에서 일함. 55세 생일을 기념해 산티아고에 옴.

파리에서

선을 넘다

9월 5일

인천을 떠난 비행기는 14시간 비행 끝에 파리에 도착했다. '내가 파리에 있다니.' 잘 믿기지 않았다. 파리가 내게 처음으로 준 것은 지루함이었다. 입국 수속이 1시간 반이나 걸렸다. 입국 수속을 하는 경로는 크게 두 줄로 나뉘어 있었다. 하나는 EU·영국·미국 승객을 위한 줄이고, 다른 하나는 그 이외의 국가에서 온 사람을 위한 줄이었다. 이 배분은 균등하지 않았다. 한쪽 줄만 정체가 심했다. 기다림에 지친 많은 이들이 정해진 줄을 이탈해 입국 수속을 했다. 그런데 아무도 그들을 제지하지 않았고 문제 삼지도 않았다.

국적기를 타고 왔기에 드골 공항까지는 한국인이 많았지만, 입국 수속을 마치고 나오자 온통 외국인이었다. 아니, 내가 외국인이 되었다. 안내판은 모두 불어로 써 있고, 공항 구조도 낯설어 출구 찾기도 어려웠다. 직원에게 길을 물어 보았으나 그는 영어를 할 줄 몰랐다. 원래 계획으로는 버스를 타고 파리 시내로 들어가려고 했으나 포기하고 지하철을 탔다.

지하철을 타니 외국에 왔음을 실감할 수 있었다. 사람으로 가득 찬 지하철 안에 동양인은 거의 보이지 않았다. 어린 시절 시장에서 어머니 손을 놓쳤을 때의 기억이 살짝 되살아났다.

예약한 숙소와 가까운 역에 내렸다. 스마트폰으로 지도를 검색하며 숙소를 찾아 갔다. 예상보다 많이 늦어진 시간이었다. 저렴하면서도 깨끗한 호스텔이었다. 로비는 세계 각지에서 온 젊은이들로 붐볐다. 방을 배정받아 들어가 보니, 4인용 도미토리룸, 남녀가 같은 방을 쓰는 곳이었다. 온통 새로운 세상이었다.

입국 수속을 할 때 나는 정해진 선을 넘지 않았지만, 오랜 시간 내게 주어진 그래서 익숙해진 많은 선들을 넘어 새로운 세상으로 들어왔음을 실감했다. 샤워를 마치고 잠자리에 누웠다. 나는 스스로를 칭찬해 주었다. 이 역시 평소 내가 잘하지 않던 일이었다. 설렘과 피곤함이 갈마드는 가운데 잠이 들었다.

평평하고 느슨한 도시

9월 6일

둘째 날 일정은 파리 둘러보기였다. 파리에서 곧바로 산티아고 순례의 시작점으로 이동하는 이들도 있지만, '언제 또 파리에 와보겠는가'라는 생각에 하루 일정을 따로 잡았다. 파리의 공용자전거 벨리브를 타고 도시를 한 바퀴 돌아보았다. 먼저 센강을 찾아갔다. 강폭은 한강의 반의 반 정도 되어 보였다. 강을 건너 왼쪽으로 길을 꺾어 바스티유 광장으로 갔다. 혁명 당시에 있던 감옥은 흔적 없이 사라졌고 광장 중앙에 높은 기념탑 하나만 세워져 있었다. 자유에 대한 목마름으로 목숨을 걸고 감옥 문을 부수던 사람들의 얼굴이 보이는 듯했고 그날의 함성이 들리는 듯했다. 잠시 앉아 있다가 다시 파리 중심부를 향해 페달을 밟았다. 강변을 따라 얼마 동안 달리다 보니 강 건너편에 탑 두 개가 우뚝 솟아 있는 것이 보였다. 노트르담 성당이었다. 짙은 녹색의 강과 그 강을 감싸고 있는 흰 강둑, 그리고 파란 하늘을 배경으로 솟아 있는 노트르담의 두 탑은 말 그대로 이국적 풍경이었다.

다가가서 보니, 성당은 웅장하고 아름다웠다. 전면 중앙의 장미창과 그 아래 난간에 가득 서 있는 조각상들은 무척이나 섬세했다. 그러나 2019년의 화재로 인해 성당 둘레에 울타리를 쳐서 더 가까이 다가가 자세히 볼 수는 없었다. 많은 관광객들과 함께 성당 앞마당에 앉아 아쉬운 마음으로 노트르담을 한참 바라보았다. 성당은 지은 지 800년이 넘었고 파리의 거리에는 보통 수백 년이 넘은 건물들이 즐비했다. 놀랍게도 그 오래된 성당과 건물들은 여전히 사용 중이었다. '공들여서 튼튼하고 아름답게 만들어 오래 사용하는 것, 그것이 문화의 힘이구나.'

다시 벨리브를 타고 달렸다. 루브르 박물관을 지나 퐁네프 다리를 건너 에펠탑 앞에 이르렀다. 세계적인 건축물이자 파리의 랜드마크인 그 탑에 올라가보고 싶었으나 사람이 너무 많아 포기하고 바로 개선문으로 이동했다. 개선문은 생각했던 것보다 훨씬 크고 웅장했다. 개선문 주위에도 사람들이 많았다. 바로 옆 샹젤리제 거리 식당에 앉아 점심을 먹었다. 샹젤리제는 한국의 명동 같았다. 상가들이 즐비하고 관광객도 많았다.

식사 후 몽마르트르 언덕으로 향했다. 개선문을 지날 때는 자전거 페달을 더욱 힘껏 밟으며 빠르게 달렸다. 그 도로는 자전거 경기 중 가장 유명한 '투르 드 프랑스'의 마지막 코

몽마르트르 언덕에서

스였다. 센강을 건너 언덕으로 올라갔다. 수많은 예술가가 모여들던 곳, 내가 좋아하는 고흐도 거쳐 간 곳. 정상에 오르니 성당이 있었고 그 아래로 파리의 전경이 펼쳐졌다. 도시는 정말 평평했다. 프랑스의 정신은 자유와 평등과 박애. '자유를 위한 혁명과 평등한 삶에 대한 요구도 저 평평한 지형과 관련 있는 것은 아닐까.'

몽파르나스 역을 미리 둘러보았다. 산티아고 순례길이 시작되는 생장피에드포르Saint Jean Pied de Port에 가기 위해서는 몽파르나스 역에서 바욘Bayonne으로 가는 기차를 타야 한다. 바욘행 기차 탑승 라인을 확인한 후에 지하철을 타고 숙소로 돌아갔다. 파리 지하철은 우리나라 80-90년대 지하철 같은 느낌이었다. 승차권을 구입해서 승차장에 들어가고, 에어컨은 가동이 안 되어 창을 열어 바깥바람이 들어오게 한 채 달린다. 내려서 밖으로 나오니 어느덧 저녁이 되었다. 트램을 탔는데 지하철 승차권으로 환승이 되는 줄 알았으나 안 되었다. 당황하고 있는데 무임승차하는 이들이 여럿 보였다. 두 정거장만에 숙소 앞에 도착하여 얼른 내렸다. 몇 개의 도로를 건넜다. 신호등은 있지만 큰길이 아니면 사람들은 상관없이 길을 건넜다. 빨간 정지 신호는 '절대'의 의미를 갖지 못했다. '선택'이었다. 차들도 빨간 신호에 길을 건너는 보행자에게 뭐라고 하지 않았다. 처음에는 아주 낯설고 불편했는데 이틀 만에 나 또한 빨간불에도 편하게 길을 건너다니게 되었다. '지켜야 할 선은 정해 주지만, 그 선을 반드시 지켜야만 하는 것은 아니구나.' 그런 것이 프랑스의 톨레랑스tolérance인지는 모르겠지만, 그 느슨함이 좋았다. 긴장했던 마음도 좀 느슨하게 풀리는 것 같았다.

길의 시작

아버지 집에는 있을 곳이 많다

9월 7일 · 파리-생장피에드포르

일찍 일어나 로비로 내려가 조식을 먹었다. 세련되고 경쾌한 음악이 흐르고 있었다. 숙소를 나서서 몽파르나스 역까지 1시간 동안 걸어갔다. 파리 사람들의 일상을 좀 더 보고 싶었다. 엄마, 아빠, 할머니, 할아버지들이 아이들의 손을 잡고 유치원에 데려다 주는 모습이 인상적이었다. '여기도 사람 사는 곳이구나.'

몽파르나스 역에서 바욘행 기차를 탔다. 산티아고의 시작점인 생장까지 가기 위해서는 바욘에서 환승해야 한다. 660킬로미터를 가는 동안 차창 밖으로 산을 보지 못했다. 밭과 목초지가 끝없이 펼쳐졌다. '과연 프랑스는 농업과 낙농의 나라구나.'

바욘역에 내렸다. 큰 배낭을 멘 순례자들이 대합실에 가득했다. 산티아고 순례자로 보이는 동양인 아주머니가 다가와 영어로 물었다.

"생장에 가는 기차를 타려면 어디로 가야 합니까?"

환승 기차가 들어오기까지는 시간이 많이 남아서 우리는 자리를 잡고 앉아 이야기를 나누었다.

"어디서 오셨어요?"

"대만이요."

"당신은요?"

"한국이요."

"오, 한국 사람. 저는 K문화와 음식, 드라마를 좋아해요."

드라마 이야기를 한참 하다가 기차가 올 시간이 되어 승강장에 가보니 많은 순례자들이 기다리고 있었다. 그러나 출발 예정 시간이 2분밖에 남지 않았는데도 기차는 오지 않았다. 이상해서 안내 화면을 보니 생장행 열차 표기 옆에 'supprime'이라는 글씨가 보였다. 아주 좋은 기차가 온다는 뜻인가 싶었지만 혹시 몰라 불어 사전을 검색해 보니 취소라는 뜻이었다. 곧바로 역무실로 달려가 어떻게 된 거냐고 물으니 열차는 취소된 게 맞고 대신 준비된 버스를 타야 한다고 알려주었다. 급히 승강장에 달려가 다른 순례자들에게 그 사실을 알리고 함께 버스에 올랐다. '역무원 중 누군가는 승강장과 대기실의 순례자들에게 알려주었어야 하는 것 아니었을까?'

자연스레 대만 아주머니와 같이 앉았고 다시 대화를 이어갔다.

"당신은 왜 산티아고 길을 걸으려고 하나요? 신앙적인

이유인가요? 기독교인인가요?"

"네. 저는 기독교인입니다. 교회에서 일하는 목사입니다. 어느 날 문득 가슴이 답답해졌습니다. 새로운 숨, 나다운 숨, 깊고 자유로운 숨을 호흡하고 싶어 산티아고 길을 걸으려고 합니다."

아주머니는 고개를 끄덕이며 답하셨다.

"아마 산티아고 길을 걸으려는 모든 사람의 희망이 그것일 거예요."

아주머니는 잠시 망설이시더니 내게 부탁을 하셨다.

"난 걱정이 정말 많은 사람이에요. 걱정이 너무 많아서 스스로 힘들 때가 있어요. 이런 날 위해 도움이 될 말이 있다면 한 말씀 해 주세요."

아주머니의 얼굴은 진지했다. 나는 순간 성경의 이곳저곳을 떠올려보았다.

"예수님께서 십자가에 달려 돌아가시기 전에 스승 없이 살아가야 할 제자들에게 다음과 같이 말씀하셨습니다. '걱정하지 마라. 내 아버지의 집에는 있을 곳이 많다.' 이는 하나님의 품은 넓고 크니 너무 걱정하지 말고 살아가라는 말씀입니다. 저도 걱정이 많아질 때면 그 말씀을 떠올립니다. 그러면 좀 걱정이 줄어들어요."

학생 같은 눈빛으로 이야기를 들으시던 아주머니는 창문

쪽으로 고개를 돌리더니 훌쩍이며 잠시 말이 없으셨다. 강원도 길처럼 꼬불꼬불한 길을 한참 달려 생장에 도착했다.

아주머니는 말씀하셨다.

"나는 생장에서 이틀을 묵고 나서 출발할 거예요."

"저는 하루 묵고 내일 새벽에 출발할 예정입니다."

"혼자 잘 걸을 수 있을까 걱정입니다."

"걱정 마세요. 당신은 이미 충분히 용감합니다. 여기까지 혼자 잘 오셨잖아요."

서로 아쉬움 속에서 헤어지며 인사를 나누었다.

"부엔 카미노('좋은 길 걸으세요'라는 뜻의 스페인어 인사)."

정류장에서 길을 따라 걸어 올라가니 작고 오래된 성곽 마을이 나왔다. 돌계단을 올라 문을 통과하자 갑자기 중세로 들어간 듯했다. 수백 년은 됨직한 돌집들이 좁은 골목을 사이에 두고 즐비했다. 순례자 여권을 발급받기 위해 순례자 사무실을 찾아갔다. 산티아고 순례자들은 크레덴시알the credencial이라는 여권을 지니고 들르는 마을, 성당, 숙소(알베르게)에서 인증 도장을 받는다. 그러면 최종 도착지에서 완주 인증서를 받을 수 있다. 사무실 앞에는 수십 명이 줄을 서서 대기 중이었다. 1시간여 만에 크레덴시알을 받았다. 순례자의 상징인 조가비도 받았다. '이제 진짜 순례를 시작하는구나.'

숙소를 찾아 나섰다. 생장에 있는 모든 알베르게와 호스텔, 호텔에 가보았지만 방은 고사하고 침대 하나 남지 않았다. 몸은 온통 땀으로 범벅이 되었고 해는 저물고 있었다. 노숙을 해야 하나 생각하다가 지푸라기라도 잡는 심정으로 순례자 사무실로 돌아가 사정을 이야기했다. 나이 많은 직원은 딱하다는 눈빛으로 나를 보더니 이렇게 말했다.

"당신처럼 숙소를 구하지 못한 사람들이 좀 더 있을 겁니다. 이따 저녁 8시에 다시 이 사무실 앞으로 오십시오. 아랫마을에 있는 체육관에서 잘 수 있게 해 줄게요."

"정말이요? 감사합니다. 그럼 그때 다시 올게요."

저녁을 먹고 순례자 사무실 앞으로 가니 프랑스 여자 한 명, 이탈리아 남자 두 명이 있었다. 우리 넷은 어둠 속에서 직원에게 인솔되어 체육관으로 이동했다. 도착해 보니 그곳은 유도 체육관이었고 1년은 넘게 사용하지 않은 것처럼 보였다. 두꺼비집을 찾아 간신히 전기를 올리고 빛 속에서 다시 인사를 나누었다.

"프랑스에서 온 루이뷔진입니다. 대학생이에요."

"이탈리아에서 온 안토니오입니다."

"이탈리아에서 온 필리포입니다."

"한국에서 온 재홍입니다."

우리는 서로의 이름이 발음하기 어렵다며 별명을 만들었다. 루이비진은 루이, 안토니오는 토니, 필리포는 삐뽀, 재홍은 쩨. 토니와 삐뽀는 같은 이탈리아인이지만 여기 와서 처음 만났다고 했다. 자리를 잡고 잘 준비를 할 무렵 캐나다 퀘벡에서 온 샤할도 합류했다. 우리는 다시 한 번 인사를 나누었다. 샤할은 이 어이없고 낯설고 고마운 상황을 다음과 같은 말로 표현했다.

"세상에! 살면서 이런 일을 겪게 될 줄이야. 전혀 기대해 본 적이 없는 일이에요."

나는 웃으며 답했다.

"오늘 밤은 우리 인생에서 잊을 수 없는 좋은 추억이 될 겁니다."

우리는 큰 체육관 사방에 흩어져 침낭을 펴고 잘 준비를 했다. 불을 끄고 누웠는데 웃음이 나왔다. '아버지의 집에는 있을 곳이 많다. 내가 예언을 한 것인가? 그래, 나는 아버지의 집에 있다. 어디를 가도 어떤 상황을 만나도 나는 아버지의 집에 있다.' 이제 본격적인 산티아고 순례 시작이다. 감사함과 설렘 속에서 잠이 들었다.

대서양

프랑스

콤포스텔라   페레이로스   카카벨로스   수비리   생장
        루이텔란   아스토르가   렐리고스   토산토스   팜플로나
아르주아   엘 아세보   레온   푸엔테 피테로   부르고스   에스텔라
    사모스   쿠에사   그라뇽   론세스바에스
팔라스 데 레이   온타나스   푸엔테 라 레이나
        오세브레이로   트라바델로   사아군   산솔
                    산마르틴 델 카미노   비야르멘테로 데 캄포스   나바레테
                                        아소프라
                            카르데뉴엘라 리오피코

포르투갈

스페인

★마드리드

나의 산티아고 순례길

산티아고 순례길은 여러 경로가 있다.
그중 사람들이 가장 많이 걷는 길은 프랑스 길이다.
프랑스의 생장피에드포르에서 스페인의
산티아고 데 콤포스텔라까지 800킬로미터다.
나는 총 31일에 걸쳐 이 길을 걸었다.

순례 첫날

9월 8일 · 생장피에드포르-론세스바예스

우리는 약속한 대로 새벽 6시에 일어났다. 루이와 샤할은 생장을 좀 더 둘러보고 나중에 출발하기로 하고 남자 셋은 어둠 속에서 걷기 시작했다. 드디어 순례길의 시작이었다. 가슴이 두근거렸다. '800킬로미터를 무사히 다 걸을 수 있을까.'

오래된 마을 생장을 빠져 나갈 때 어둠 속에서 한 할머니가 불쑥 나타나 물으셨다.

"산티아고 순례길을 걸으시나요?"

"네."

"저도 같이 걸을 수 있을까요?"

"그럼요. 같이 걸어요."

그렇게 미국 플로리다에서 온 70대 중반의 페니가 산티아고의 첫날 길, 피레네 산길을 함께 걷게 되었다. 페니는 나이에 비해 안정적이고 빠른 걸음으로 성큼성큼 걸으셨다.

"준비를 많이 하고 오셨나 봐요?"

"이번 순례를 위해 9개월 동안 거의 매일 20킬로미터씩 걸었어요. 배낭을 메고요."

"우와, 대단하세요. 저는 한 달밖에 연습하지 못했어요. 그것도 하루에 10킬로미터만 걸었습니다."

30대 후반의 안토니오는 알루미늄 샷시창을 만드는 엔지니어였다. 인생에서 중대한 결정을 하기 위해 잠시 일을 내려놓고 산티아고에 왔다고 했다. 60대 중반의 필리포는 평생 컴퓨터 회사에서 사무직으로 일을 하다가 얼마 전에 정년퇴직을 했고 퇴직 기념으로 산티아고에 왔다고 했다.

피레네 길은 계속되는 오르막이 힘들기는 했지만 눈앞에 펼쳐지는 풍경은 연신 감탄을 자아냈다. 높은 산들이 끝없이 솟아 있고 파란 하늘에는 구름이 바람을 따라 물결처럼 흩어졌다. 언덕의 풀밭에서는 양떼가 한가롭게 풀을 뜯고 있었다. 사진과 영상으로나 보던 풍경을 직접 보고 그 길을 걷노라니 가슴이 벅차올랐다.

두 시간쯤 계속 오르막을 걷다가 많이 지쳤는지 페니는 이렇게 말했다.

"내 순례는 오늘로 끝날지도 모르겠어요."

나는 웃으며 답했다.

"당신의 오랜 연습이 당신을 지켜줄 거예요."

페니는 흡족한 표정으로 웃었다.

오르막이 거의 끝나고 능선 부근에 도달하자 페니의 속

피레네 산맥을 넘다

도는 빨라졌다. 나는 중간에 화장실에 들르느라 페니에게 먼저 가시라고 했는데 다시 만나지 못했다. 우리보다 빨리 걸어간 것이다. 삐뽀는 발이 아프다며 뒤로 처졌다. 안토니오와 나, 둘만 남았다. 어느새 내리막길이었다. 안토니오는 긴 내리막이 무리였는지 다리를 절기 시작했다. 첫날 도착지인 론세스바예스에 거의 이르렀을 때 한 순례자를 만났다. 그는 체구에 비해 큰 배낭을 메고 있었는데 배낭이 한쪽으로 심하게 기울어져 있었다. 안토니오는 그의 뒷모습을 사진으로 찍더니 앞으로 가 그에게 배낭이 한쪽으로 기울었다며 균형을 맞춰주었다. 그렇게 헝가리에서 온 노에미도 함께 걷게 되었다. 어느새 우리는 국경선 없는 국경을 넘어 프랑스 생장에서 스페인 론세스바예스Roncesvalles에 도착했다. 그리고 론세스바예스에서 가장 큰 알베르게에 같이 묵었다.

알베르게 건물은 정말 컸다. 중세에 수도원으로 사용하던 건물이라고 했다. 혹시라도 전날처럼 예약이 다 찼을까 봐 걱정하며 접수대로 갔다. 자리는 충분하다고 했다. 우리는 비교적 일찍 도착했기에 침대를 쉽게 얻을 수 있었다. 그러나 이내 많은 순례객이 도착했고 접수대에는 사람이 몰리기 시작했다. 불어, 영어, 이탈리아어, 헝가리아어, 스페인어, 독일어로 웅성거리는 소리가 로비에 가득했다. 정신이 없었다. 나이가 70대쯤으로 보이는 자원 봉사자들이 나와서 설명을 했다. 생

장 순례자 사무실에서 봉사하던 이들도 그랬지만 이곳의 봉
사자들도 다국어 회화가 가능했다. 그들은 같은 말을 한 번은
영어로 한 번은 불어로 설명해 주었다.

"먼저 신발을 벗어 저쪽 신발 방에 두세요. 그리고 여기
앉아서 순서대로 기다리세요."

프랑스인 봉사자와 프랑스인 순례자의 대화가 길어졌다.
마치 친구를 만난 듯 둘은 웃으며 이야기했고, 우리들에게도
알베르게 이용 안내를 불어로만 했다. 도통 알아들을 수 없는
말이 계속되자 나는 참지 못하고 영어로 말했다.

"영어로 말씀해 주세요."

영어를 할 줄 모르는 안토니오는 자꾸만 내 얼굴을 쳐다
보았다. 노에미도 마찬가지였다. 나는 내가 들은 내용을 눈빛
과 몸짓을 통해 전달했고 두 사람은 알아들었다. 당분간 내가
두 사람을 도와야겠다고 마음먹었다.

안토니오와 노에미는 마을 구경을 갔고 나는 빨래를 하고
는 뒤뜰에 나가 캠핑의자에 앉아 시원한 바람을 즐겼다. 내가
산티아고 순례길을 직접 걸었다는 사실이 신기했고, 그중에
서도 가장 힘들다는 피레네 길을 무사히 걸은 것이 감사했다.

저녁 식사 시간이 되었다. 나는 낮에 예약한 알베르게 식
당에서 저녁을 먹었고 안토니오와 노에미는 가지고 있던 음식
으로 식사를 했다. 저녁 식탁은 내가 예상했던 것과는 아주 달

랐다. 혼자 먹는 식사가 아니라 10여 명이 원탁에서 대화를 나
누며 먹는 공동 식사였다. 사람들은 자연스럽게 양 옆 사람과
이야기를 나누었고 때로는 네다섯 명이 함께 이야기를 나누었
다. 내 왼쪽에는 미국 켄터키에서 온 데이비드가 앉았다. 그는
건물 임대업을 했는데 사업을 모두 딸과 사위에게 넘기고 영혼
의 쉼을 위해 카미노에 왔다고 했다. 내 오른쪽에는 독일에서
온 청년 발렌틴이 앉았다. 내가 한국인인 것을 알고는 드라마
〈오징어 게임〉 이야기를 많이 했다. 많은 외국인들과 함께 한
상에 둘러앉아 식사를 하는 건 처음이라 긴장했는데 이런저런
이야기를 하다 보니 긴장이 풀어졌다. 식사를 하고 나오자 도
로 한쪽에 산티아고까지 남은 거리를 알려주는 큰 표지판이 서
있었다. 헛웃음이 나왔다. "SANTIAGO DE COMPOSTELA
790"(산티아고 데 콤포스텔라까지 790킬로미터).

저녁에 숙소 복도에서 필리포를 만났다. 우리는 반갑게
인사를 나누었고 다음날 같이 걷기로 약속했다.

자기 위해 침대에 누웠다. 불이 꺼졌다. 여전히 복도를 오
가는 사람들이 있었고 코 고는 소리가 들렸지만, 모든 게 감
사했다. 눈을 감으니 산티아고 첫날의 영상이 다시 재생되었
다. 어둑한 새벽 출발, 페니, 안토니오와 노에미, 피레네의 풍
경과 양떼, 식탁에 둘러앉은 사람들. '이런 사람들과 이런 풍
경의 길과 이런 숙소라면 기쁘게 끝까지 걸을 수 있겠다.'

산티아고 데 콤포스텔라까지 790킬로미터

이틀밖에 안 걸었는데

9월 9일 · 론세스바예스-수비리

안토니오, 노에미, 필리포, 나, 이렇게 넷이 함께 7시에
조식을 먹고 수비리Zubiri를 향해 출발했다. 전날 저녁을 먹은
식당 옆에 오래된 작은 예배당이 있었는데 순례자들이 들어
가 기도를 하고 나오는 모습이 보였다. 나도 들어가 잠시 숨
을 고르며 기도를 드렸다. '함께 걷는 친구들, 안토니오, 노에
미, 필리포, 그리고 모든 순례자가 무사히 오늘의 길을 걷게
하시고, 당신에게 더욱 다가가게 하소서.'

하늘이 흐리더니 가랑비가 내리다가 그쳤다. 구름 사이
로 무지개가 떠올랐다. 뒤에서 뭔가 빠르게 다가오는 기척이
났다. 자전거를 탄 순례자 여럿이 "부엔 카미노"를 외치며 휭
지나갔다. 필리포는 못마땅해 하며, "저들은 아름다운 무지개
를 보지 못했을 거야"라고 말했다. 오솔길로 접어들자 안토니
오와 필리포는 노래를 불렀다. 〈오 솔레 미오O Sole Mio〉와 〈벨
라 차오Bella Ciao〉였다. 노래가 끝나자 앞뒤에 걸어가던 순례자
들은 걸음을 멈추고 "브라보"를 연발했다. 평이한 길이 끝나

고 다시 험한 내리막이 이어졌다. 무릎에도 무리가 갔지만 양쪽 새끼발가락의 통증이 심했다. 중간에 멈출 수 없어 곧 길이 끝나기만을 바라며 계속 걸었다.

노에미는 발달장애아동 교사로 12년 동안 일을 했는데 지쳐서 산티아고에 왔다고 말했다. 순례를 마치고 헝가리에 돌아가면 간호사가 되려 한다고 했다. 그러면서 나에게 물었다.

"당신은 당신의 일을 좋아하나요?"

"힘들 때도 있지만 좋아해요."

"무슨 일을 합니까?"

"저는 교회에서 목사로 일하고 있습니다."

"오, 그래요? 그럼 당신은 교회 사람들을 좋아합니까?"

"네. 좋아합니다."

노에미는 부럽다는 표정을 지었다.

수비리에 도착했다. 동네 입구에 작지만 근사한 다리가 놓여 있고 그 아래로 맑은 시냇물이 흘렀다. 필리포는 한 구간을 더 걸어가기로 했기에 우리와 헤어졌다. 남은 셋은 전날 예약해 둔 알베르게에 도착하여 샤워 후 음식을 가지고 냇가로 갔다. 냇물은 시원했다. 냇물에 발을 담근 채 빵과 과일로 점심 식사를 했다. 안토니오는 "그동안 너무 바쁘게 쉼 없이 살다가 이렇게 좋은 시간을 가지니 행복하다"고 말했다. 노에미와 나는 웃으며 공감을 표했다. 우리뿐 아니라 많은 순례자들이 냇가로 몰려들었고 몇몇은 냇물에 몸을 다 담그고 수영을 즐기기도 했다. 수비리의 풍경 하나하나, 사람들의 표정 하나하나가 평화였다.

새끼발가락이 너무 아파 약국에 갔다. 발을 절룩거리며 사람들에게 물어물어 찾아갔건만, 시에스타 시간이라 약국은 닫혀 있었고 오후 4시 30분에 다시 연다는 안내문이 붙어 있었다. 시에스타, 오후 2시에서 4시까지 쉬는 시간이 있다는 건 알고 있었다. 그런데 약국과 같은 중요 시설도 문을 닫는 줄은 몰랐다. 절룩이며 숙소로 돌아갔다가 시간에 맞추어 재방문했다. 약국에 들어가자 약사는 내게 마스크 착용을 요구했다. 모든 곳이 마스크 프리인줄 알았는데 아니었다. 나는 마스크를 쓰고 다시 약국에 들어갔다. "무릎과 새끼발가락에 통증이 있습니다. 젤 타입의 파스가 필요합니다." 약사는 약을 건네주었는데 사용법이 온통 스페인어로 써 있었다. "스페인어로만 쓰여 있고, 영어 설명서는 없네요"라고 말하자, 약사는 "여기는 스페인입니다"라고 했다. '맞네.'

안토니오와 노에미는 숙소로 돌아왔고 우리 셋은 저녁을 먹기 위해 동네 식당으로 갔다. 식탁에 앉자, 안토니오는 노에미를 가리키며 나에게 노에미의 눈을 보라고 했다. "지금 당신이 보고 있는 노에미는 새로운 노에미예요"라고 말했다. 무슨 말이냐고 물으니, 노에미가 웃으면서 "안토니오가 내게 인생을 새롭게 바라보는 법을 가르쳐 주었어요"라고 했다. 나는 속으로 생각했다. '안토니오에게 그런 능력이? 나도 배워 보고 싶은데.' 안토니오는 웃으며, "지금까지 노에미가 걸어온 길은 다 노에미가 선택해서 걸어온 노에미의 길이었다고, 그러니 후회하지 말고 다 받아들이고 자신 있게 살라고 말해 주었어요"라고 했다. 둘이 깊은 대화를 나누고 온 듯했지만, 더 이상 묻지 않았다. 그런데 확실히 노에미의 표정은 한층 밝아 보였다.

나는 안토니오에게 영국 프리미어리그 축구팀 토트넘의 안토니오 콘테 감독을 아느냐고 물었다. 같은 이탈리아 사람인데다가 이름도 같아서 물어본 것이다. 안토니오는 모른다고 했다. 콘테에 대해 간단히 설명해 준 뒤, 축구장을 가득 채운 토트넘 팬들이 경기 중에 아주 큰 소리로 "안토니오! 안토니오! 안토니오!"라고 외친다고 말해 주니 안토니오가 활짝 웃었고, 노에미도 덩달아 웃었다. 노에미는 자기가 산티아고 순례길에서 두 천사를 만난 것 같다고 말했다. 우리는 서로를 바라보며 또 한 번 크게 웃었다.

밤에 잠들었으나 새끼발가락이 너무 아파 깼다. 파스를 몇 번씩 발랐지만 소용이 없었다. '이제 이틀밖에 안 걸었는데 벌써 포기해야 하나.' 몸이 아프면 하루나 이틀 쉬고 가기도 한다는데 내게는 그럴 여유가 없었다. 어려움이 찾아올 줄 알

앉지만 이렇게 빨리 찾아올 줄은 몰랐다. 전날 저녁에는 콤포스텔라까지 너끈히 갈 수 있겠다 싶었는데 하루 사이에 콤포스텔라가 멀게만 느껴졌다. '내가 끝까지 걸어갈 수 있을까?'

거대한 평화 학교

9월 10일 · 수비리-팜플로나

인터넷을 검색해 보니 짐작대로 신발 끈을 꽉 조이지 않은 게 문제였다. 그러면 내리막길에서 발가락이 신발 안쪽 면과 부딪히며 통증이 생긴다는 것이다. 새벽에 출발할 때 신발 끈을 최대한 꽉 조였다. 천만다행으로 발가락은 더 이상 아프지 않았다. 길도 내리막길이 끝나고 평지길이었다. 새벽 하늘에 별이 총총했다. '얼마 만에 보는 별인가.' 한참 고개를 꺾어 별을 보며 천천히 걸었다.

> 별 하나에 추억과 사랑과 쓸쓸함과 동경과 시와
>
> 어머니, 어머니

보고픈 얼굴들이 하나씩 스쳐지나갔다. 날이 밝자 낯익은 순례자들이 스쳐지나갔다. "부엔 카미노!" 인사를 나누었다. 산티아고 순례길 3일차. 벌써 여남은 명의 얼굴이 눈에 익었고 이름도 알게 되었다. '이러다가 수백 명의 사람들과 통

성명을 하게 되는 것은 아닐까.'

아직 아침인데 안토니오의 걸음걸이가 좋지 않았다. 전
날도 좋지 않았는데 걱정이 되었다. 본래 오른쪽 무릎이 좋
지 않은 나는 무릎보호대를 두 개 챙겨 왔다. 그 중 하나를 꺼
내 안토니오에게 내밀었다. 착용해 보고는 훨씬 편해졌다고
했다. 다행이었다. 힘을 내기 위해서였는지 안토니오는 연신
〈벨라 차오〉를 불렀다.

우나 마티나 미 손 알자토
오 벨라 차오 벨라 차오 벨라 차오 차오 차오

노래가 끝나고 안토니오에게 어떤 내용인지 물으니 독재
에 맞서 싸운 파르티잔들의 노래라고 알려 주었다. 안토니오
는 내게 답가를 요청했다. '갑자기?' 나는 짧은 묵상 찬양을
불렀다.

내 영혼이 내 영혼이 주 앞에 마주 앉았습니다.
내 영혼이 내 영혼이 주 앞에 마주 앉았습니다.

안토니오와 노에미는 노래가 참 차분하다고, 마음을 어
루만지는 노래라고 했다. 나는 아침에 자주 부르는 찬양이라

팜플로나에 들어서며

고 말해 주었다. 이 노래를 부르며 아침을 시작하면 마음과 생각이 가지런해진다는 말도 해주었다.

산 속에서 출발했던 걸음은 어느덧 도시로 들어와 있었다. 멀리 크고 높은 성벽이 보였다. 팜플로나Pamplona였다. 카미노 순례길의 첫 대도시였다. 노에미는 큰 도시에 머무르고 싶지 않다고, 한 구간을 더 걸어가겠다고 했다. 안토니오와 나는 팜플로나에서 스페인을 새롭게 느낄 수 있을 것이라고, 많은 이가 팜플로나 숙박을 추천했다고 말했지만, 노에미는 웃으며 거절했다. 갈림길에서 노에미와 헤어졌다. 참 착한 사람이었는데 마음이 허전했다. '또 만나겠지.'

안토니오와 팜플로나에 들어섰다. 며칠 동안 산길만 걷다가 도시에 들어오니 기분이 이상했다. 순례를 잠시 멈추고 다시 일상으로 돌아온 느낌이었다. 숙소에 도착해 체크인을 하기 위해 줄을 섰다. 루이와 발렌틴 같은 젊은 친구들이 들어와 바로 뒷줄에 섰는데 영국에서 온 사샤라는 친구도 있었다. 사샤는 이번 산티아고 순례길을 다 걸은 후에는 한국으로 가서 서울에서 부산까지 자전거로 여행을 할 거라고 했다. 산티아고 순례만으로도 힘들 텐데 곧바로 새로운 도전을 또 한다는 게 대단했고, 그 도전을 한국에서 한다는 것이 반가웠다.

체크인을 하고 안토니오와 약국에 갔다. 안토니오의 무릎보호대와 파스를 샀다. 우리는 작은 공원에 앉아 스페인의 오후 햇살을 즐겼다. 안토니오는 내게 이탈리아어를 가르쳐 주겠다며 발음하기 어려운 문장을 가르쳐 주었다. '간장 공장 공장장' 같은 말 같았다. 여러 번 반복해서 가르쳐 주더니 나중에는 영상으로 찍었다. 조금씩 틀리게 발음하는 나를 보며 자주 웃었다. 그 말이 무슨 뜻인지 물었으나 가르쳐 주지 않았다. 나중에 자기 가족들에게 보여 줄 거라고 했다. 자기는 이탈리아 남쪽 중부에 있는 투르시Tursi에 사는데 그곳 사투리라는 것만 알려 주었다. 안토니오는 그 영상을 자꾸 보면서 혼자 웃었다.

알베르게로 돌아와 널어놓은 빨래가 잘 마르고 있는지 살펴보았는데 그때 키가 큰 사람이 와서 말을 걸었다.

"안녕하세요, 나는 네덜란드에서 온 베리입니다."

"베리? 나는 한국에서 온 쩨라고 합니다."

"쩨? 당신은 어디에서 출발했나요? 나는 생장에서 출발했어요."

"나도 생장에서 출발했어요."

"카미노를 걸어 보니 어때요?"

"정말 좋아요. 풍경도 멋지고, 날씨도 좋고, 길 위에서 만나는 사람들도 좋고요. 카미노는 거대한 학교 같아요. 평화를 배우는 학교요. 세계 각지에서 온 사람들이 친구가 되고 마음을 열고 자기가 살아온 이야기를 나누지요. 나는 그들의 이야기를 통해 내가 몰랐던 세상에 대해 알게 되었고 또 어떻게 살아가야 할지, 어떻게 해야 이 세상을 더 평화롭게 만들어 갈 수 있을지에 대해서도 생각해 보게 되었어요."

"나도 그렇게 생각해요. 만나서 반가웠어요. 또 만나요."

저녁 식사 시간이 되었다. 안토니오와 나의 옆 침대를 사용하게 된 일본인 카츠 씨와 셋이 식사를 하러 밖으로 나갔다. 카츠 씨는 한 카페를 가리키며 헤밍웨이가 《태양은 다시 떠오른다》를 쓸 때 자주 들렀던 곳이라고 가르쳐 주었다. 소설에 스페인의 소몰이 축제가 나온다는 것도 알려 주었다. 우리는 광장의 여러 식당을 들러보았지만 가격이 비싸 결국 외식을 포기하고 슈퍼마켓에서 저녁거리를 사서 알베르게에서 음식을 만들어 먹기로 했다. 우리는 한 상에 앉아 이런 저런 이야기를 나누며 식사를 했다. 카츠 씨는 60대 중반으로 일본의 전자회사에서 평생 전기밥솥을 만드는 일을 했고 석 달 전에 은퇴를 했다. 아내는 20년 전에 죽었고 딸이 셋 있다고 했다. 어느 날 회사에 한 여성 작가가 와서 산티아고에 대해 강연을 했는데 자기도 가고 싶다는 생각을 하다가 전격적으로 퇴직을 결정하고 왔다고, 나이가 많아 지금이 아니면 못 올 것 같은 생각이 들었다고 말했다.

카츠 씨는 조심스레 물었다. "한일 관계가 어떻게 되어야 한다고 생각하십니까?" 나는 대답했다. "아픈 과거가 있었지만 우리 아이들을 위해 결국에는 화해에 이르러야 한다고 생각합니다." 카츠상은 다행이라는 표정을 지으며, 내가 먹고 있던 신라면 국물을 좀 달라고 했다. 자기도 신라면 국물을 좋아한다며. 우리가 식사를 하고 있을 때 이탈리아 아주머니 세 분도 음식을 만들어 드셨는데 안토니오가 이탈리아 사람인 것을 아시고는 고기 요리를 나누어 주셨다. 안토니오는 우리 식탁과 그분들의 식탁을 오가다가 아예 그분들과 함께 식사를 했다.

침대에 누워 잠들기 전 〈벨라 차오〉를 검색해 보았다. 번역된 가사를 보니 경쾌하게 부를 노래는 아니라는 생각이 들었다.

> 어느 날 아침, 나는 일어나 침략자들을 보았다오
> 오 파르티잔이여, 나를 데려가 주오
> 난 죽을 준비가 되었다오
> 내가 파르티잔으로 죽으면 나를 묻어 주오
> 나를 산에 묻어 주오. 아름다운 꽃그늘 아래
> 사람들이 그곳을 지나면 아름다운 꽃을 보게 되겠지요
> 파르티잔의 꽃이라 말해 주오. 자유를 위해 죽은
> 오 내 사랑이여 안녕 내 사랑이여 안녕 내 사랑이여
> 안녕 안녕 안녕

파르티잔의 모습이 페레그리노(스페인어로 순례자)의 모습과 크게 다르지 않을 거란 생각이 들었다. 둘 다 고귀한 가치를 위해 사랑하던 것들을 내려놓고 험하고 힘든 길을 걸었다는 점에서.

이탈리안 그룹

9월 11일 · 팜플로나-푸엔테 라 레이나

새벽에 일어나 안토니오와 걷기 시작했다. 사샤도 합류했다. 나는 사샤에게 궁금하던 것을 물었다.

"어떤 이유로 쉽지 않은 도전을 계속 하는 건가요?"

"얼마 전에 어머니가 돌아가셨어요. 그 얼마 전에는 할아버지가 돌아가셨고요."

"미안해요. 사샤의 표정이 밝아 보여서 그런 큰일을 겪었는지 전혀 몰랐네요." "저는 긍정형 인간이에요. 컵에 물이 반이 남은 것을 보고 어떤 이는 물이 반밖에 남지 않았다고 말하지만, 저는 '아직 물이 반이나 남았어'라고 말하는 타입이죠. 인간은 죽어요. 어머니와 할아버지가 돌아가셨듯이 언젠가 저도 죽을 거예요. 저는 죽음이 무섭지 않아요. 남은 인생을 행복하게 살고 싶어요. 어머니도 제가 그렇게 살기를 바라실 거예요. 작년 봄엔 일본에 가서 벚꽃을 보고 왔어요. 그건 어머니의 소원이었어요. 하지만 어머니는 편찮으셔서 가실 수 없었고 저에게 가서 보고 오라고 하셨어요. 산티아고 순례도 어머니의 소원이었어요. 어머니가 돌아가시고 나서 저에게는 전환의 시간이 필요했어요. 이 시간에 힘껏 여러 가지를 도전해 보고 싶어요."

"사샤의 도전을 응원해요. 한국 자전거 여행도 충분히 잘 해낼 거예요." 마음을 담아 말해 주었다.

우리는 용서의 언덕에 이르렀다. 언덕 위에는 철로 만든 순례자들이 산티아고를 향해 걸어가고 있었다. 언덕은 꽤 높아 사방의 경관이 한 눈에 보였다. 순례자들은 저마다 철제 순례자들 옆에서 포즈를 취하고 사진을 찍었다. 바람이 세게 불었다. 풍력 발전 시설이 있는 것으로 보아 항시 바람이 많이 부는 곳 같았다. 그런데 왜 '용서의 언덕'일까? 그 의미를 알기 어려웠다. '바람의 언덕'이라 부르는 게 더 어울릴 것 같았다. 몇몇 순례자에게 그 이유를 물어보았으나 아는 이가 없었다. '순례길의 초입에서 내가 받아야 할 용서에 대해 생각해 보라고, 또 내가 용서해야 할 사람에 대해 생각해 보라고 이름을 그렇게 붙인 게 아닐까. 순례의 주된 목적은 삶의 무거운 짐을 내려놓는 것일 텐데, 인생의 짐 중 가장 무거운 짐은 용서받지 못함과 용서하지 못함의 짐일 테니.' 그런 생각 속에서 몇 얼굴이 떠올랐다.

용서의 언덕 반대쪽 풍경을 보았다. 대평원이 펼쳐져 있었다. 장관이었다. 넋을 놓고 보고 있는데 전날 알베르게에서 만난 네덜란드인 베리가 다가와서, "당신 나라에는 이렇게 멋진 풍경이 없지요?"라고 물었다. 내가 살짝 얼굴을 찡그리자 그는 얼른 덧붙였다. "농담이에요, 농담." 우리는 웃었다. "한국에도 멋진 풍경은 많지만 넓은 평원이 이렇게 펼쳐진 곳은 거의 없어요. 한국은 국토의 78퍼센트가 산으로 되어 있어요"라고 말해 주었다. 사방이 광활한 대지를 바라보고 있으니 내 마음도 저절로 열리고 넓어지는 것 같았다.《열하일기》에서 박지원은 광활한 요동벌판을 보면서 '한바탕 울 만한 곳'이라고 말했다는데, 스페인의 벌판을 보면서 그 마음을 느꼈다. 주위에 사람들이 없었다면 나도 한바탕 울었을 것이다. 사샤는 한적한 곳으로 가더니 이어폰을 꽂고는 한참 혼자 있었다. '용서의 시간'을 갖는 중이었을까? 안토니오와 나는 사샤를 용서의 언덕에 남겨 두고 먼저 내려갔다.

푸엔테 라 레이나Puente la Reina에 도착했다. 안토니오가 예약해 둔 알베르게로 갔다. 전날 묵었던 알베르게 식당에서 본 이탈리아 아주머니들도 계셨다. 체크인을 하던 안토니오는 직원에게 가능하면 우리와 아주머니들을 다른 방에 배정해 달라고 부탁했다. 안토니오는 아주머니들이 자신을 아들처럼 대하는 게 조금 싫은 것 같아 보였다. 직원은 웃으면서 알겠다고 말했다. 안토니오와 나는 방을 배정받고 짐을 풀기 시작했다. 짐 정리가 끝날 때쯤 직원은 이탈리아 아주머니들을 모시

푸엔테 라 레이나 성당 출입문

고 우리 방으로 들어왔다. 아주머니들은 아주 반갑게 안토니오에게 인사하셨다. 직원은 안토니오에게 오더니 작은 소리로 "아주머니들이 너와 같은 방을 쓰게 해 달라고 하셔서 어쩔 수 없었다"라고 말하고 갔다. 나는 처음으로 그분들께 인사를 드렸다. 우리 교회 어른들 같은 느낌이 들어 반가웠다.

안토니오는 다른 이탈리아 사람들과 마을 구경을 나갔고 나는 숙소에서 쉬었다. 오후에 안토니오에게서 메시지가 왔다.

"이탈리아 사람들이 모였어요. 알베르게에서 저녁을 만들어 먹을 건데 당신도 같이 먹으면 좋겠어요."

답장을 보냈다. "나는 저녁 미사에 참석할 예정이에요. 기다리지 말고 먼저 들어요. 한 그릇만 남겨 주세요."

마을은 그리 크지 않았지만 성당은 고풍스럽고 웅장하기까지 했다. 안으로 들어가 보니 전면의 황금빛 제단이 시선을 사로잡았다. 황금 제단은 바닥부터 높은 천장까지 이어져 있었다. 여러 단으로 구성되어 있었고 누구인지 알아보기 어렵게 비슷하게 생긴 성상들로 칸칸이 채워져 있었다. 성당의 오른쪽과 왼쪽 면에도 작은 황금빛 제단이 놓여 있고 그 안에도 여러 성상이 자리하고 있었다. '왜 이렇게까지 화려하게 꾸몄을까?' 뒤편 2층의 파이프오르간에서 성가가 흘러나오며 미사가 시작되었다. 한국에서 가톨릭 미사에 몇 번 참석한 적이 있어서 순서가 낯설지는 않았다. 단지 미사가 스페인어로 진행되어 알아듣지는 못했다. 신부님의 강론도 무슨 내용인지 알 수 없었지만, 원고도 없이 내내 밝은 얼굴로 강론하는 젊은 신부님의 모습은 인상적이었다. 미사가 끝나고 신부님은 순례자들을 앞으로 불러냈다. 30여 명의 순례자는 신부님의 축복 기도를 받고 십자가 목걸이도 선물로 받았다.

알베르게로 돌아오니 아홉 명의 이탈리아 사람들이 한 상에 둘러앉아 식사를 하고 있었다. 안토니오와 필리포, 한 방을 같이 쓰게 된 여성 세 분, 60대 남성, 70대 남성, 30대 여성 둘이었다. 다들 나를 기쁘게 맞아 주셨다. 이미 식사를 거의 마친 상태였고 내 몫으로 파스타를 한 그릇 가득 남겨 주셨다. 나는 연신 감사하다는 인사를 드렸다. 다행히 스테파냐라는 친구는 영어를 할 줄 알아 나와 다른 이들의 대화를 통역해 주었다. 이탈리아 분들은 낯선 나를 환대해 주셨다. 이것저것 물으셨고 나와 함께 식사하게 된 것을 기뻐하셨다. 정겹고 흥이 넘치는 그분들이 마치 한국 사람을 만난 듯 반가웠다. 이렇게 많은 이탈리아 사람들과 가족처럼 함께 식사를 하게 될 줄은 몰랐다. 식사를 만들어 주신 아주머니들과 즐거운 식사시간을 함께한 모든 이탈리아인들께 감사했다.

여행을 시작한 지 딱 일주일이 지났다. 장시간의 비행을 했고, 파리를 둘러보았고, 피레네 산맥을 넘어 스페인으로 들어와 산티아고 순례길 초반부 90킬로미터를 걸었다. 대만 아주머니를 시작으로 여러 사람을 만났고 지금은 이탈리아 그룹과 가족처럼 식사를 했다. 매일 별다른 변화 없이 반복되는 삶을 살던 내게 모든 것이 새로웠다. '인생을 이렇게 살 수도 있는 거구나.' 내 안으로 새로운 공기와 숨이 들어오는 듯했고 어딘가 찌그러져 있던 마음이 다시 펴지는 듯했다.

제8일

그란데 쩨

9월 12일 · 푸엔테 라 레이나-에스텔라

어두운 새벽, 이탈리아 사람들과 함께 알베르게에서 나와 길을 걷기 시작했다. 그날의 목적지는 에스텔라Estella였다. 동네를 빠져나오자 우리는 한 다리 앞에 서게 되었다. 나이가 제일 많아 보이는 분이 다리를 가리키며 무슨 이야기를 했다. 그러자 사람들은 하나둘씩 신발을 벗어 손에 들었다. 내게도 신발을 벗으라고 했다. 당황스러웠다. '왜 그러는 거지? 발바닥도 아픈데.' 이유를 물으니, 이 다리를 만든 여왕에 대한 감사의 표시로 신을 벗고 건너가는 것이라고 했다. 우리는 모두 그렇게 다리를 건넜다. 70세로 가장 연장자인 루치아노 씨는 몇 년 전에 산티아고를 걸었고 이번이 두 번째 순례라고 했다. 루치아노 씨는 산티아고 순례길의 역사와 관련된 이야기들을 일행에게 자주 소개해 주셨다. '선생님이셨나?'

안토니오는 생각보다 잘 걸었다. 다행스러웠다. 날이 밝아오자 스페인의 너른 들판과 멀리 있는 우람한 산들이 보였다. 한적한 길을 걷는데 안토니오가 허밍으로 〈내 영혼이〉를 완벽하게 불렀다.

언덕을 몇 개 넘으니 제법 큰 마을이 보였다. 시라우키 Cirauqui란 마을로 로마 방식으로 건설된 오래된 도시라고 루치아노 선생님께서 알려주셨다. 마을에 들어서기 전에 포도밭이 보였고 필리포는 얼른 밭에 들어가 작은 포도송이를 따 가지고 나왔다. 천연 비타민이라며 내게 몇 알을 건네주었다. 알맹이가 작았지만 달았다. 살짝 경사진 목초지에서 백여 마리의 양들이 풀을 뜯고, 양 목에 달린 방울이 딸랑거리는 소리에 풍경은 더없이 평화로웠다.

목적지까지 얼마 남지 않았을 때 마당이 넓고 물을 얻을 수 있는 성당을 만났다. 앞마당에 앉아 30분이 넘게 이런 저런 이야기를 나누었다. 10여 명의 사람들이 즐거운 표정으로 이야기를 나누었지만 나는 알아듣지 못했다. 간간이 스테파냐가 통역해 주었다. 말을 못 알아듣는 것은 조금 답답했지만 사람들의 맑은 얼굴을 보는 것만으로도 좋았다. 그런데 별 말 없이 있는 내가 안돼 보였는지 루치아노 선생님이 내게 요청을 하셨다.

"내가 보기에 당신은 영적인 사람 같습니다. 순례길을 걷는 우리에게 들려줄 이야기가 있으면 좀 해주세요."

잠시 무슨 말을 해야 하나 고민했다. 대만 아주머니에게 해 드린 아버지의 집 이야기를 해드릴까 하다가, 이야기보다는 노래가 마음을 더 잘 전해 줄 것 같다는 생각이 들었다.

"제가 자주 아침마다 부르는 찬양을 불러드릴게요."

나는 눈을 감고 호흡을 가다듬고 내 마음이 사람들에게 전달되기를 바라며 찬양했다.

내 영혼이 내 영혼이 주 앞에 마주 앉았습니다….

찬양이 끝나자 사람들은 박수를 치며 '그라치아' '그라치아'를 연발했다. 칸초네 가수 같다고도 했다. 스테파냐가 이탈리아어로 찬양의 뜻을 말해주자 그들은 다시 한 번 감동했다.

'정말 이러다 끝까지 이 사람들과 걷게 되는 건가?'

작은 마을들을 몇 개 더 지나 예약한 에스텔라의 알베르게에 도착했다. 나는 점심 식사 때 일행에게 과일을 대접하고 싶었다. 전날 저녁에 신세 진 것을 갚고 싶었다. 그런데 과일을 사러 가겠다고 하면 안토니오가 말릴 것 같아 어떻게 해야 할지 잠시 고민했다. 안토니오가 스테파냐와 함께 점심 장을 보러 마켓에 가겠다고 했다. 안토니오는 어느새 이탈리아 그룹의 총무가 되어 있었다. 숙소를 예약하고 식사 준비까지 하는. 좀 안쓰러웠다. 나는 혼자 먹어도 괜찮으니 둘이 다녀오라고 말하고 과일 가게로 갔다. 과일을 사서 양손 가득 들고 숙소로 돌아왔다. 그런데 아무도 없었다. 안토니오에게 연락해 보니, 사람들과 소풍 기분을 내기 위해 가까운 식당에 들어가서 점심을 먹었다는 것이다. '그럴 수 있다.' 미리 제대로 이야기하지 않은 내 잘못이었다. 과일을 냉장고에 넣어놓고 슈퍼마켓에 가서 빵을 하나 사가지고 냇가로 갔다. 식사 후 동네 이곳저곳을 둘러보았다. 그러다가 동네 초입 길로 이탈리아 아주머니들이 걸어오시는 게 보였다. 얼른 아주머니들께 달려가 도착 축하 인사를 드렸다. 아주머니들은 인사도 제대로 받지 못하실 정도로 지쳐 있었다. 너무 힘이 드니 배낭을 들어달라고 하셨다. 배낭을 받아들고 숙소까지 안내해 드렸다. 그리고 아직 아무것도 드시지 못한 그분들께 과일을 준비해 드렸다. 고마워서 어쩔 줄 몰라 하시는 모습에 어제 저녁 식사에 대한 보답이라고 말씀 드렸다. 정말로 고마웠는지 세 분의 아주머니는 내게 손 키스를 연신 날려 주셨다.

식사를 마친 이탈리아 일행은 알베르게로 돌아왔고 그 사이에 있었던 일을 아주머니들로부터 전해듣고는 나를 '그란데 쩨'로 부르기 시작했다. 과분한 이름이었다. 오후에 함께 에스텔라 시를 돌아보고 저녁 식사를 같이 만들어 먹고 잠 잘 준비를 했다.

침대에 누워 잠시 고민에 빠졌다. 이탈리아 사람들이 좋기는 하지만 내가 카미노에 온 목적과는 조금 안 맞는 것 같다는 생각이 들었다. 함께 걷는 것도 좋지만 혼자 걷는 시간이 필요했다. 순례를 준비할 때는, 주로 혼자 걷고 가끔 동행도 생기겠거니 생각했다. 그런데 막상 와 보니 정반대였다. 어떻게 하면 좋을지 고민하고 있을 때 안토니오가 찾아왔다. 우리는 밖으로 나가 이야기를 나누었다. 안토니오가 먼저 내게 물었다.

"나는 내일 새벽 5시에 일어나 6시부터 걸을 거예요. 그룹에서 빠져나와 걸을 계획이에요. 당신은 어떻게 할 거예요?"

"나도 내일부터는 혼자 조금 빨리 걷고 싶어요."

"당신의 마음이 어떤 마음인지 알겠어요. 당연히 당신은 혼자만의 길을 걸어야 해요. 오늘 점심 일은 미안했어요. 사람들과 여행 온 기분을 잠시 내고 싶었어요."

"그 일은 내 잘못이에요. 미리 말하지 않아서 생긴 일이죠. 우리는 생장에서 만나 지금까지 거의 일주일을 같이 걸었어요. 세상에 이런 인연도 없을 거예요. 당신을 보면서 '참 좋은 사람이구나'라고 느꼈어요. 당신은 옛날에 태어났으면 파르티잔이 되었을 거예요. 마음이 바르고, 무엇이든 한 번 하기로 한 것은 아무리 힘들어도 끝까지 밀고 나가는 사람이니까요. 당신이 한국에 온다면 뭐든 다 제공할게요. 오면 좋겠어요. 같은 길을 걸으니 우리는 또 만날 거예요."

안토니오는 눈물을 흘렸고 우리 둘은 서로를 힘껏 안아

주었다.

　"나도 내일부터는 따로 걸을 거예요. 이 그룹과 사람들이 좋지만 이러려고 산티아고에 온 것은 아니니까요. 자유롭게 다니고 당신과 같은 사람을 많이 만나고 싶어요."

　"나도 안토니오가 그렇게 카미노를 걸으면 좋겠어요."

죽음이 찾아오기 전에
와인을 많이 마셔요

9월 13일 · 에스텔라-산솔

새벽에 이탈리아 일행이 알베르게 앞에 모였다. 안토니오가 안 보였다. 이른 새벽에 떠난 것 같았다. 얼마 걷지 않아 나도 이탈리아 일행에게 안녕이라는 인사를 전했다. 그간 감사했다고, 오늘부터는 좀 빠르게 걸을 거라 이만 인사를 드려야겠다고 했다. 다들 고마웠다고 맞인사를 하셨다. 아직은 어두한 새벽, 루치아노 선생님은 내게 해 주고 싶은 말이 있다고 하셨다. 살짝 긴장을 했다. 무슨 말씀을 해 주실까? 루치아노 선생님은 진지한 표정으로 말씀하셨다. "죽음이 찾아오기 전에 와인을 많이 마셔요." 나는 '빵 터졌'고, 다른 이탈리아 사람들도 함께 크게 웃었다. 다시 한 번 인사를 하고 빠른 걸음으로 앞으로 나아갔다.

어둠을 뚫고 혼자 걸었다. 간간이 순례자들을 만났지만 얼마 지나지 않아 앞뒤로 아무도 보이지 않게 되었다. 산티아고 길을 걸으며 처음으로 혼자 걷는 시간이었다. 참 좋았다. 그 옛날의 순례자들도 이렇게 걸었겠구나 하는 생각이 들었

산솔 알베르게

다. 혼자 걷다 보니 속도가 빨랐고 그날 묵을 곳으로 예정한 로스 아르코스Los Arcos에 생각보다 일찍 도착했다. 좋은 곳이 었지만 사람들이 붐비고 어렵게 이별의 인사를 전했던 이탈리아 그룹을 다시 만날 수도 있어 한 구간을 더 갔다. 넓은 들판 중간의 언덕에 자리 잡은 마을, 산솔Sansol에 도착했다. 오래되었으나 조금 웅장해 보이는 알베르게, 〈팔라치오 데 산솔〉에 짐을 풀었다. 직원의 안내를 받아 숙소 베란다에 가보니 경치가 일품이었다.

숙소 베란다에서 멋진 풍광을 보며 바게트를 먹고 있는데 필리포가 들어왔다. 놀라우면서도 반가웠다. 다른 일행은 로스 아르코스에 머물고 자기만 이 곳까지 더 왔다고 했다. 안토니오는 산솔 바로 옆 동네인 리오에 혼자 머물고 있다고, 자기에게도 그리로 오라 했는데 발이 아파 더 갈 수 없어 이곳에 머물기로 했다고 했다. 안토니오를 보고 싶었지만, 안토니오에게는 혼자만의 시간이 필요함을 잘 알았기에 연락도 하지 않았다.

저녁 식사는 알베르게에 신청해 먹었다. 예정된 시간이 되자 사람들이 식당으로 모여들었다. 40여 명의 사람들이 함께 식사했다. 나이 많은 직원이 스푼으로 유리잔을 두드리며 주의를 집중시켰고 감사 인사를 한 후 식사 기도까지 했다. 기도 후 포도주와 바게트가 나왔고 메인 음식이 나왔는데 우리나라의 시래기 같은 큼직한 채소가 들어간 스튜였다. 고기도 들어 있었다. 맛있었다. 그다음에 으깬 감자와 양파를 두꺼운 부침개처럼 구운 토르티야가 나왔다.

식사 중 직원이 오늘 생일을 맞은 미국 중년 여성을 소개시켰고 모두 그를 위해 생일 축하 노래를 불러주었다. 그런데 갑자기 필리포가 그녀의 이름을 묻더니 앞으로 나가서 그녀를 위해 이탈리아 노래를 불렀다. 깜짝 놀랐다. 가사의 내용은 알 수 없었으나 사랑의 세레나데 같은 분위기의 곡이었다. 앞에서 노래를 부르던 필리포는 뒤쪽에 앉아 있던 주인공에게 점점 다가갔고 그녀 바로 옆에서 노래를 열창했다. 그녀뿐 아니라 그녀의 가족과 모든 이가 감동했다.

식사 후 직원은 셰프를 소개했다. 80 중반은 넘어 보이는 분이 나오셨다. 셰프는 이 알베르게의 주인이었고 직원은 그의 사위였다. 주인은 산솔 지역과 알베르게의 역사를 소개해주셨다. "옛날에는 모두 가난했다. 80년대 산업화 바람이 불며 마을 사람들도 대도시로 나갔다. 1702년에 지어진 이 집은 영국인 소유였는데 1995년에 팔겠다고 내놓았다. 외지에 나가 있는 사촌들에게 연락해 돈을 모아 이 집을 샀고 이후 알베르게로 리모델링을 했다." 연세가 많으신데도 마을과 건물의 역사, 개인의 역사를 또박또박 말씀하시는 모습이 인상적이었다. 순박하고 맑고 건강한 마음의 소유자 같았다. '나도 그 나이에 저런 모습일 수 있을까.'

제10일

생일

9월 14일 · 산솔-나바레테

필리포와 같이 출발했다. 예쁜 새벽별이 또렷하게 빛났다. 또렷해서 예뻐 보였을 수도 있다. 안토니오가 묵고 있는 곳과 스테파냐가 묵고 있는 곳도 지났지만 만나지 못했다. 비아나 Viana에 이르렀다. 시내에 투우장이 있었다. 필리포는 그곳 사람에게 이것저것 물어보더니 자기는 1시에 열리는 투우 축제를 보고 가겠다며 나에게 먼저 가라고 했다.

필리포는 헤어지기 전에 아침 식사를 같이 하자고 했다. 커피 둘, 크루아상 둘을 주문하고 필리포가 모두 계산했다. 사양 않고 고맙게 먹었다. 식사 끝에 필리포에게 마지막 인사를 전했다. 인생을 즐길 줄 아는 모습이 참 좋다고, 하나님도 '내가 선물로 준 인생을 잘 살고 있구나' 하실 거라고 말해 주었다. 필리포는 젖은 눈으로 고맙다고 인사하고 우리는 서로를 깊이 부둥켜안았다. 눈물이 나려는 걸 간신히 참고 배낭을 메고 길을 떠났다. 얼마 걷지 않았는데 카페에 앉아 커피를 마시고 있는 스테파냐를 만났다. 우리는 갑작스런 만남에 웃을 수밖에 없었다. 스테파냐에게 필리포가 있는 곳을 알려 주고는 다시 길을 떠났다.

필리포와의 헤어짐도 아쉬웠고, '나는 왜 필리포처럼 자유롭게 살지 못할까? 왜 삶을 즐기며 살지 못할까?'라는 생각에 비애감이 밀려들었다. 누군가 그렇게 살지 말라고 말린 것도 아닌데. 너무 많은 제어와 금지 속에서 부자연스럽게 살아왔다는 생각이 들었다. 나라는 존재 속에 기쁨, 경축, 즐거움보다는 의무, 책임, 희생이 훨씬 크게 자리하고 있는 게 보였다. 그러나 길을 걷다 보니 슬픔은 금방 가셨다. 대도시 로그로뇨Logroño가 멀리 보였다.

로그로뇨에는 큰 성당이 세 개나 있었다. 하나하나 들러 보았다. 한 곳은 미사 중이라 들어가지 못했고 다른 두 곳은 들어가 보니 레이나 성당과 유사했다. 중앙의 거대한 황금 제단은 자꾸 보아도 적응이 되지 않았다.

길을 지나는데 아직 문을 열지 않은 알베르게 앞에 안토니오가 앉아 있었다. 얼마나 반갑던지. 안토니오는 같이 로그로뇨에 머물지 않겠냐 물었지만 난 나바레테까지 간다며 안토니오의 청을 사양했다. 안토니오나 나나 혼자 걷는 시간이 필요했기 때문이다. 식료품점에 들러 사과와 음료 하나를 사서 공원으로 가서 먹었다. 카톡을 열어 보니 읽지 않은 톡이 60개가 넘었다. '뭐지?' 내 생일이었다. 몰랐다. 얼른 감사 답톡을 했다. 특별한 식사도 선물도 없는 생일이었지만 감사했다. 생 자체가 감사했다. 산티아고를 걷고 있어 행복하기도 했지만, 오늘의 내가 있기까지 도와준 많은 분들이 참 감사하게 생각되었다. 그들이 있어 내가 있을 수 있음을 온몸으로 느꼈다.

바람은 불지 않았지만 구름이 많고 볕이 강하지 않아 걸을 만했다. 다리도 많이 아프지 않았다. 도시를 벗어나자 전형적인 스페인 시골 풍경이 펼쳐졌다. 광활한 들판과 얕은 산들, 그 산들 너머에 큰 산들이 보였다. 높이가 어림잡아 1,500미터도 넘을 것 같았다. 그런데 너른 평지 저편에 있으니 그리 커 보이지 않았다. 나는 거대한 수평의 힘을 느꼈다. 수평이 거대해지면 수직은 그 의미가 작아진다. 인생의 순간순간 시야를 가로막는 큰 문제를 만날 때마다 당황하지 않기 위해서는 부지런히 내 마음의 지평을 넓혀야겠다는 생각을 잠시했다.

드디어 나바레테Navarrete에 도착했다. 언덕 위에 자리 잡은 제법 큰 마을이었다. 달팽이 모양으로 생긴 마을 구조가 특이했다. 예약한 알베르게에 도착해 숙소를 배정받고 주방을 둘러보는데 식당에 노에미가 앉아 있었다. '카미노란 이런 곳이구나.' 반갑게 인사를 했다. 샤워와 빨래를 마치고 밖으로 나가 식사를 사 먹었다. 혼자 하는 생일 식사였다. 스파게티였는데 맛있게 잘 먹었다. 숙소로 들어오니 20대로 보이는 청년들 여섯 명이 식사를 하고 있었다. 같이 앉아도 되느냐고 물었더니 흔쾌히 허락해 주었다. 그들의 영어는 빨라 알아듣기 쉽지 않았지만 도전해 보고 싶었다. 잠시 앉아서 들으니 이야기가 들렸다. 그 다음부터는 질문도 하고 답도 하며 같이 이야기를 나눌 수 있었다. 그들은 덴마크, 영국, 독일, 스위스에서 온 청년들이었다. 스위스에서 온 빅터는 스위스에서부터 이곳까지 계속 걸어왔다고 했다. 깜짝 놀랐다. 왜 그 먼 거리를 걸을 생각을 했느냐고 물으니 그냥 그렇게 해보고 싶었다고 말했다. 혹시 그 이야기를 책으로 써볼 생각은 없느냐고, 그런 경우는 정말 흔치 않다고 말해 주었다. 그런데 빅터는 그렇지 않다고, 여기까지 걸어오면서 만난 사람 중에는 자기보다 더 먼 곳에서부터 걸어온 사람들이 있었다고 했다. '한국의 젊은이들도 북한 길이 열린다면 빅터처럼 많은 곳을 걸어서 다닐 수 있겠지.'

자리에 누워 내일은 어디까지 걸어가야 할지를 고민했다. 산티아고 길을 걷는 순례자들이 매일 하는 고민이다. 엉덩이에 발진이 생겼다. 다음날 아침에 일어나 상태가 괜찮으면 24킬로미터를 걷고 그렇지 않으면 17킬로미터를 걷기로 하고 잠들었다.

제11일

남매 순례자

9월 15일 나바레테-아소프라

간밤에 누군가가 코를 심하게 골았다. 여섯 시 반에 사람들이 거의 다 일어났다. 젊은 친구들은 작은 목소리로 간밤의 어마어마한 코골이에 대한 이야기를 나누었다. '나였나?' 아니라고 자신할 수 없었다. 엉덩이 발진 상태를 체크했다. 다행히 가라앉았다. 걷기 시작했다. 작은 마을에서 출발해서 그랬는지 같이 걷는 사람이 별로 없었다. 마을 몇 개를 지났다. 주위에는 온통 포도밭이었다. 일꾼들이 포도를 수확하고 있었다. 전부 흑인이었다. '아프리카가 가까운 곳이라 그런가?' 4시간 만에 나제라^Nájera에 도착했다. 거기서 머물까 하다가 남은 시간이 아까워 한 구간 더 가기로 했다. 안토니오에게도 그렇게 연락했다. 아소프라를 향해 걸었다. 하늘에는 구름이 잔뜩 껴 햇볕이 없고 바람까지 불어 시원했다. 걷기에 최적의 날씨였다. 언덕을 넘으니 또 언덕이 나왔다. 갑자기 보고픈 얼굴들이 떠올랐다. 하늘에 별은 없지만 패, 경, 옥과 같은 이름이 얼굴들과 함께 떠올랐다.

아소프라Azofra에 도착했다. 숙소에 도착해 보니 노에미와 전날 알베르게에서 만난 영국 청년 안나스가 문 앞에 배낭을 내려놓고 서 있었다. 아직 오픈 시간이 되지 않아 기다리는 중이라고 했다. 배낭을 내려놓고 슈퍼마켓에서 점심거리를 사왔다. 그 사이 기다리는 사람들이 많이 늘어나 있었다. 잠시 후 알베르게가 문을 열었고 차례대로 체크인을 했다. 대부분 미국 아니면 영국 사람들이었다. 처음 보는 사람들이었다. 서로 웃으며 짧게 인사를 나누었다. 숙소는 2인 1실, 방문을 열면 좌우로 1인용 침대가 놓여 있는 형태였다. '오늘은 잠을 잘 자겠구나. 룸메이트랑 이야기도 많이 나눌 수 있겠구나' 싶었다. 내 룸메이트는 어제 나바레테 알베르게에서 보았던 20대 후반의 남자 청년이었다. 샘은 호주에서 왔다.

"샘, 내가 키우는 고양이 이름도 샘이에요."

"그래요?"

샘은 별로 웃지 않았다. 샘은 키가 190센티가 넘어 보였다.

"샘, 당신에겐 침대가 작아 보이네요."

"괜찮아요. 잘 수 있어요."

"배낭에 달려 있는 작은 냄비의 용도는 무엇인가요?"

"밥을 해 먹는 냄비에요. 나는 저비용 여행자라 늘 밥을 해 먹어요."

"멋지군요. 나도 언젠가는 그렇게 해보고 싶네요."

샘은 별로 나와 이야기를 나누고 싶어 하지 않는 것처럼 보였다. 고양이와 이름이 같다고 해서 기분이 나빴나? 본디 과묵한 사람인가? 혹시 내가 동양인이라 그런가? 이유를 알 수 없었다.

샘은 냄비를 들고 밖으로 나갔고 나는 노에미와 함께 빵을 먹었다. 노에미는 나의 발과 안토니오의 다리 상태를 걱정했다. 식사를 하는데 접수 데스크 쪽에서 한국인 목소리가 들렸다. 내 또래로 보이는 한국 남녀였다. 인상이 편안하고 좋아 보였다. 인사 몇 마디를 나누었다. 부부는 아니고 누나와 동생이라고 하셨다. 저녁 때 만나 식사를 같이 하자고 하셔서 좋다고 했다. 방에 돌아와 발과 다리 마사지도 하고 침대에 누워 쉬었다.

저녁 식사 시간이 되어 숙소 정원을 어슬렁거리며 한국 남매분들이 나오길 기다렸는데 만나지 못했다. 폰 번호도 모르고 방 번호도 몰랐다. 배는 고프고 저녁 먹을 때는 지나가고 있어 얼른 슈퍼마켓에 가서 먹을거리를 사와서 숙소 식당으로 갔다. 프랑스에서 오신 할머니와 할아버지와 함께 식사를 했다. 식사를 마치고 자리를 정리하는데 한국에서 오신 남매분들이 식당으로 들어오셨다.

"안 보이셔서 다른 분들과 식사를 하고 오는 길입니다. 그런데 식사는 하셨어요?"

"네. 여기서 다른 분들과 식사를 했습니다. 방금 전에 식사를 마쳤습니다."

"산티아고 순례길에 자매팀과 모녀팀은 종종 있지만, 누나와 남동생은 저희뿐일 겁니다. 남동생은 산티아고가 두 번째이고 저는 처음입니다. 남편은 일중독자라 같이 못 왔습니다. 그런데 무슨 일 하시는 분이세요?"

"저는 교회에서 일하는 목사예요."

두 분도 교회를 다니시는 분들이었다. 그런데 누나는 개신교회에 실망해 청년 때 가톨릭으로 옮겼고 남동생은 거의 가나안 성도(기독교인이라는 정체성은 가지고 있지만 교회는 안 나가는 이)였다. 누나는 가톨릭으로 옮기면서 독실한 개신교인인 어머니의 심한 반대 때문에 맘고생이 심했다고 하셨다. 누나는 개신교회를 성토하는 한편 가톨릭의 좋은 점들을 몇 가지 이야기했고, 남동생은 목사님 앞에서 교회 이야기 그만하라고, 얼마나 듣기 싫으시겠냐고, 여기 산티아고까지 와서 직장 이야기하면 좋겠냐고 했다. 나는 괜찮다고 했다. 누나는 한국 개신교회는 전체적으로 흐름이 좋지 않다, 가톨릭과 같은 통일성과 투명성이 없다, 담임목사가 독단적인 경우가 많다, 성토를 이어갔다. 슬픈 주제였지만 우리는 내내 좋은 분위기에서 이야기를 나누었다.

방으로 돌아와 샘과 몇 마디 더 나누었다. 샘은 여전히 과묵한 편이었다. 이탈리아 친구들이 더욱 보고 싶어졌다. 안토니오와 다음 날, 칼사다에서 재회하기로 했다.

중간까지 잘 왔구나

루치아노 선생님

9월 16일 아소프라-그라뇽

얼마 걷지 않아 다리가 아파 배낭을 내려놓고 스트레칭을 했다. 다시 배낭을 메고 출발하려는데 눈앞에 익숙한 얼굴이 서서 나를 보고 있었다. 루치아노 선생님의 환하게 웃는 얼굴이었다. "오, 그란데 쩨." 우리는 기쁨의 포옹을 나누었고, 연이어 필리포, 스테파냐, 마르첼로, 안토니오까지 포옹을 나누었다. 안토니오는 이미 앞 구간에서 이탈리아 일행과 다시 뭉쳤던 것이다. 웃음이 났다. '인연은 인연인가 보다.'

평지라 그랬는지 안토니오와 스테파냐가 빠르게 걸었다. 쫓아가기가 힘들 정도였다. 거의 쉼없이 15킬로미터를 걸으니 도시가 보였다. 산토도밍고 데 라 칼사다^{Santo Domingo de la Calzada}였다. 카페에서 늦은 아침을 먹었다. 다시 출발하고 얼마 안 지나 큰 성당이 나왔다. 순례자 도장을 찍기 위해 들어갔는데 몇 명이 관람을 하자고 했다. 성당은 예배당이라기보다는 박물관에 가까웠다. 회중석보다 전시 공간이 더 컸다. 지하 공간에는 구약 시대의 성막 같은 곳이 마련되어 있었고

칼사다 도착 전 시루에냐 평지

1층 예배실 한 쪽 벽 안쪽에는 닭장을 만들어 두 마리의 닭을 키우고 있었다. 투명한 창 안쪽으로 닭들이 돌아다녔다. '예배당 안에 닭장이라니, 예수님을 부인했다가 새벽닭이 우는 소리에 참회했던 베드로를 기념하기 위함인가?' 무슨 사연인지 궁금했다. 필리포와 스테파냐와 나는 뒤처진 거리를 만회하기 위해 빨리 걸었다. 피로가 쌓였는지 그날 유난히 걷는 게 힘들었다. 나는 스테파냐에게 '나는 드디어 도착했다'를 이탈리아어로 뭐라 말하는지 물었다. 스테파냐는 "소노 피날멘테 아리바티"라고 알려 주었다. 언덕을 넘고 또 넘어 목적지인 그라뇽Granon에 도착했다. 그라뇽 마을 언덕에 올라 나는 외쳤다. "소노 피날멘테 아리바티!"

일행이 기다리고 있는 교회 뒤편의 순례자 쉼터로 갔다. 옛날엔 교회에서 순례자들의 치료와 쉼을 위해 병원을 운영했는데 그와 유사한 형태의 쉼터가 남아 있는 곳이었다. 쉼터는 기부금으로 운영되고 있었다. 쉼터 입구에 들어서니 동굴 같은 느낌이 들었다. 돌로 지은 오래된 교회의 어둡고 좁은 계단을 따라 올라갔다. 먼저 온 이들의 신발이 한 곳에 놓여 있었다. 봉사자 두 분이 우리를 맞이하며 몇 가지 안내 사항을 말해 주었다. 저녁 6시에 모여 함께 식사 준비를 하고, 7시에는 미사를 드리고, 8시에는 공동 식사를 한다는 것이었다.

오후에 이탈리아 일행과 함께 이런저런 이야기를 나누었

는데 루치아노 선생님이 핸드폰으로 노래를 틀었다. 폰 화면에는 결혼반지 한 쌍이 있었고 남자 가수의 아련한 목소리가 흘러나왔다. 사람들이 꽤 집중하며 노래를 듣는 것 같더니 이내 모두의 눈가에 눈물이 맺히고 어떤 이는 옷소매로 눈물을 훔쳤다. 스테파냐가 말했다. "이 노래 가사는 루치아노 씨가 돌아가신 아내를 생각하며 직접 쓰신 거예요." 루치아노 선생님은 옛날 사진을 보여주셨다. 빼어나게 아름다운 여성과 영화배우처럼 미남인 남성의 결혼 사진이었다. "아내분이 아주 미인이시네요"라고 말하자, "아주 예쁘고 좋은 사람이었지요"라며 눈물을 지으셨다. '칠십의 나이에도 저렇게 순수하고 소년 같은 눈빛을 가지려면 어떤 마음으로 살아야 하는 걸까?' 영어 소통이 어려운 루치아노 선생님은 번역기를 이용해 물어오셨다.

"왜 나를 선생님이라고 부릅니까?"

"가는 곳마다 역사에 대해 설명해 주셔서, 저 혼자 그렇게 부르고 있었습니다."

"저는 선생님이 아니라 기차 기관사였습니다."

우리는 서로를 바라보며 웃었다.

"당신은 특별한 사람이에요. 함께해서 참 좋아요."

"저는 특별하지 않은 보통 사람입니다. 나 같은 이방인을 온전한 한 사람으로 받아주셔서 정말 감사히 생각하고 있습니다. 여러분의 환대에 대해 한국에 있는 지인들에게 이미 말했습니다."

"왜 카미노를 걷습니까?"

다른 사람들에게도 해준 답을 해드렸다.

"어느 날 무엇에 짓눌린 듯 가슴이 답답했습니다. 새로운 숨을 호흡하고 싶어 왔습니다. 자유롭고 깊고 나다운 숨을 이곳에서 찾고 싶습니다."

루치아노 선생님은 이 평범한 말을 특별하게 받아들이셨다. 대화창을 사진으로 찍으시고는 일행 모두에게 이탈리아어로 읽어 주셨다. 다들 감동 받은 얼굴을 하고는 "그란데 쩨, 우리도 같은 마음이다"라고 말해 주었다.

식사 준비 시간에 맞추어 숙소로 돌아왔다. 루치아노 선생님, 안토니오, 스테파냐가 요리사로 자원했다. 나는 보조로 함께했다. 양배추, 토마토, 참치로 샐러드를 만들고, 닭고기와 쌀로 치킨 리소토를 만들었다. 루치아노 선생님과 안토니오의 손놀림은 아주 능숙했다. 30인분 준비를 웃으며 노래하며 했다. 나는 그때그때 나오는 설거지거리를 맡았다. 다른 순례자들은 주방에 와서 감사하다고 인사하고 사진도 찍으며 즐거워했다. 나 역시 기쁘고 즐거웠다. 산티아고에 와서 가장 즐겁고 기쁜 시간이었다. 식사 시간이 되어 사람들이 다 모였고 음식은 완성되었다. 요리는 대성공이었다. 산티아고 식

그라눙의 만찬

사 중 최고의 식사였다. 식후에 쉼터에서 마련한 친교의 시간이 있었는데 일종의 노래자랑 시간이었다. 거의 이탈리아 친구들의 독무대였다. 넘치는 흥을 주체할 수 없는 사람들. 힘들만도 한데 웃음과 노래로 자신뿐 아니라 함께 있는 이들에게까지 삶의 기쁨을 전해 주었다. '이 사람들을 어쩌지. 이다지도 멋진 사람들이라니. 끝까지 같이 가야 할지도 모르겠다. 저들의 자유롭고 평화로운 호흡을 배울 수 있으면 좋겠다.'

지복의 시간

9월 17일 · 그라뇽-토산토스

그라뇽에서 벨로라도Belorado를 지나 12시에 토산토스Tosantos
에 도착했다. 20킬로미터를 걸었다. 생장에서 토산토스까지
는 240킬로미터, 나쁘지 않은 주행 속도였다. 알베르게는 전
날과 유사한 호스피탈(옛 순례자 병원 형태를 간직한 숙소)이었
다. 작고 오래되고 허름했다. 선하게 생긴 70대 후반의 스페
인 할아버지가 우리 일행을 맞아 주셨다. 비교적 이른 시간에
도착했기에 숙소에는 우리밖에 없었다. 침실은 3층이었고 맨
질맨질한 나무 바닥이었다. 안토니오가 도움닫기를 하더니
마루 위를 미끄러져 나갔다. 그 모습을 보자 70세의 루치아노
선생님도 똑같이 하셨다. 완전히 신이 난 소년의 얼굴로 마루
위를 미끄러져 나갔다. 선생님은 나에게도 해보라 하셨지만
나는 발바닥에 물집이 잡혀 그러질 못했다.

우리는 여유롭게 씻고 빨래하고 햇살과 바람 좋은 정원
에 빨래를 널고, 바게트, 슬라이스햄, 사과 등으로 점심을 먹
었다. 식사 후 정원 의자에 앉아 볕을 쬐고 바람을 맞았다. 이

탈리아 친구들은 볕을 즐겼다. 선크림도 잘 바르지 않았다. 나는 조금이라도 덜 타려고 긴팔을 입고 점퍼에 달린 모자까지 뒤집어썼다. 햇볕에 몸이 따뜻해지고 몸 위로 시원한 바람이 스쳐지나갔다. 다들 그 시간을 말없이 즐겼다. 한둘 꾸벅거리며 졸았다. 나도 잠시 졸다가 깼다. '내 생애 이렇게 여유롭고 평온하게 나를 내려놓은 적이 있었던가.' 지복의 시간이었다.

숙소로 들어와 좀 더 쉬다가 루치아노 선생님의 제안으로 마을 언덕에 있는 성모 성당을 찾아갔다. 야트막한 산인데 정상 부근에 동굴을 파고 만든 성당이었다. 문이 닫혀 있어 안으로 들어갈 수가 없었다. 그런데 전망이 좋아 그런지 이탈리아 친구들은 내려갈 줄을 모르고 마냥 있었다. 우리는 그렇게 스페인의 뜨거운 오후 햇살을 맞으며 30분이나 풍경을 본 후에야 내려갔다.

마을에 내려와서는 식당에 앉아 음료를 마셨다. 한참 무슨 이야기를 하는데 내용을 알 수 없었다. 스테파냐가 자녀들 이야기를 하는 중이라고 알려 주었다. 대부분 자녀가 둘이었고 루치아노 선생님은 아들 하나였다. 아들은 경찰관이라고 했다. 아들의 가족 사진을 보여주셨다. 아들과 며느리, 손녀가 함께 환하게 웃고 있는 사진이었는데 손녀의 얼굴에서 할아버지의 얼굴이 조금 보였다.

토산토스 카페에서 이탈리아 친구들과

전날과 마찬가지로 저녁 준비를 위해 숙소 주방에 갔는데 자원봉사자가 수프와 폴로(닭고기) 파스타를 준비하고 있었다. 우리는 과일 샐러드를 준비했다. 식사 인원은 12명. 조촐하지만 음식은 풍성했다. 파스타가 맛있어 배불리 먹었다.

식사 후 침실 옆에 있는 작은 기도방에 모였다. 스텝은 참석자들에게 자국어로 된 순서지를 나누어 주었다. 저녁 기도문은 스페인 사람이 스페인어로, 시편은 이탈리아 사람이 이탈리아어로, 복음서는 영국 사람이 영어로, 서신서는 알바니아 사람이 알바니아어로, 마침 기도는 내가 한국어로 읽었다. 2부 순서에는 사람들에게 자국인이 남기고 간 기도문이 한 장씩 전달되었다. 이탈리아인이 가장 많았다. 사람들은 기도문을 읽다가 서너 번씩 눈물을 삼키느라 읽기를 멈추었다. 안토니오가 읽은 기도 요청의 내용은 이랬다. 산티아고를 함께 걸으며 연인이 된 두 사람이 있었다. 그 중에 한 사람이 종양으로 죽었다. 이후에 혼자 남은 이가 다시 산티아고를 걸었는데 그의 연인이 수호천사가 되어 같이 걷는 것 같은 느낌을 받았다는 내용이었다. 내가 읽은 기도 요청은 남편의 은퇴를 기념하여 산티아고를 걸은 부부의 것이었는데 아내가 작성한 내용이었다. 남편이 무거운 짐을 평생 지고 힘들어했는데 이제는 좀 편안해지면 좋겠다, 마음속에 있는 분노와 슬픔을 깨끗이 씻어낼 수 있으면 좋겠다는 기도 요청이었다.

사람들은 다양한 사연들과 소망을 가지고 산티아고 길을 걷는다. 나는 그들을 위해 기도했다. 카미노를 걸으며 나의 기도도 점점 간절해졌다. 자유롭고 깊고 나다운 호흡을 하며 살 수 있기를, 나만이 아니라 내가 사랑하는 이들도 그와 같은 호흡을 하며 살아갈 수 있기를 그 시간 간절히 기도했다. 빛나는 황금 제대가 갖추어져 있고 뒤에서는 파이프 오르간이 울리는 성당의 미사는 아니었지만, 그보다 더 예배와 기도의 본질에 가까운 모임이었다. 예수님의 살과 피를 상징하는 성체 나눔은 없었지만 사람들의 간절한 사연은 예수님의 살과 피처럼 내 맘 속에 스며들었다. 토산토스의 밤은 그렇게 깊어 갔다.

제14일

해바라기 순례자

9월 18일 · 토산토스-카르데뉴엘라 리오피코

전날 오후부터 바람이 차더니 밤에 추워서 자꾸 깼다. 경량 패딩을 입고 잤는데도 추웠다. 식당에 내려가니 전날 저녁을 정성껏 준비해 주고 기도회를 도왔던 아프리카계 남자가 보였다. 이름을 물으니 놀랍게도 산티아고라고 했다. 커피와 빵으로 식사를 하고 안토니오와 스테파냐와 함께 길을 나섰다.

마을을 지날 때마다 길 위에 사람들이 늘어났다. 이젠 대개 한두 번은 본 사람들이었다. 걷다가 뒤를 돌아보니 해가 떠올랐다. 간만에 구름이 거의 없는 날이라 막 떠오르는 태양이 더욱 아름답게 보였다. 시간이 갈수록 하늘은 파래졌다. 맑은 하늘에 수많은 비행운이 도형을 이루었다. 파란 하늘에 하얀 줄이 두 줄, 세 줄 그려졌고 비행기들이 교차하는 지점에서는 엑스표와 삼각형도 생겼다.

수확을 마친 밀밭이 텅 비었지만 충만한 모습을 하고 있었다. 곳곳에 해바라기 밭이 끝없이 펼쳐져 있었다. 한때는 노랗고 푸르게 장관을 이루었을 해바라기들이 이파리며 얼굴

비행운

이며 모두 검은빛이었다. 그런데 모두 완숙에 이른 얼굴로 같은 곳을 바라보며 인사하듯 고개를 숙이고 있는 해바라기들이 꼭 하나님께 감사의 예배를 드리고 있는 것처럼 보였다. 나는 걸어서 그분을 향해 가고 있었지만 그들은 선 채로 그분께 가고 있었다.

전날 먹은 이부프로펜이 효과를 발휘하는지 오른쪽 다리가 하나도 아프지 않았다. 계속 이렇게만 걸으면 좋겠다는 생각이 들었다. 그러나 15킬로미터 지점을 지나자 갑자기 아프기 시작하더니 절룩거리며 걷게 되었다.

루치아노, 리오, 마르첼로는 우리보다 한 시간 일찍 출발해서 훨씬 앞서 가고 있었다. 계속 쉽지 않은 산길인데 참 빨리도 가셨다. 빨리 걸어도 그들을 따라잡을 수 없었다. 다리가 더 심하게 아파왔다. 사람들이 부르고스Burgos를 앞두고 많이 머무는 마을인 산후안 데 오르테가San Juan de Ortega와 아게스Ages를 그냥 지나쳤다. 전날 밤 우리 일행은 토산토스에서 무려 31킬로미터나 떨어진 카르데뉴엘라 리오피코Cardeñuela Riopico에 있는 알베르게를 예약했기 때문이다. 다리가 너무 아파 목적지에 도착하기 전 아무 데서나 쉬고 싶다는 생각이 처음 들었다. 심지어 나는 안토니오와 스테파냐보다 뒤처져 그들을 따라 걸을 수가 없었다.

힘이 다 빠졌는데 설상가상으로 높은 산이 나왔다. 한참을 뒤처져 정상에 오르니 커다란 나무 십자가가 서 있었다. 하지만 아무런 감흥을 느낄 수 없었다. 안토니오와 스테파냐가 나를 기다려주고 있었는데 먼저 가라고 하고 나는 그늘에 앉아 쉬며 기력을 회복했다. 그들이 나를 기다려준 건 분명 고마운 일인데 나는 고맙다는 인사를 건성으로 건넸다. 나는 그런 나 자신에게 놀랐다. 사람은 힘들면 자기 힘든 것만 보일 뿐 다른 것은 보이지 않는다는 걸 새삼 느꼈다.

장장 9시간을 걸어 숙소에 도착했다. 알베르게에는 작은 수영장이 있었다. 나는 옷을 입은 채로 뛰어들었다. 사람들은 웃었고 나도 웃었다. 야외 테이블에 앉으니 루치아노 선생님께서 수고했다며 음료를 건네주셨다. 몸과 마음의 피로가 조금 가셨다.

저녁 식사 시간이 되었다. 20여 명이 식탁에 둘러앉았다. 미국, 네덜란드, 이탈리아, 한국, 프랑스, 캐나다, 칠레에서 온 사람들이 한 식탁에 앉았다. 내 바로 옆에는 중년, 노년의 여성분들이 조용히 식사를 하셨다. 이탈리아 일행은 한참 열을 올리며 이야기를 나누고 있었다. 무슨 이야기냐고 스테파냐에게 물으니 스테파냐는 웃으면서 자신의 장래에 대한 이야기라고 했다. 스테파냐가 나중에 아들을 낳으면 여기 있는 사람 중 한 명의 이름으로 하는 게 어떠냐고, 루치아노, 안토니오, 삐뽀, 리오, 첼로, 쩨 중에 하나로 하라는 거였다. 모두 웃었다.

시종일관 조용히 식사만 하고 계시던 옆자리 분들께 어디서 오셨냐고 물어보고는 내가 어떻게 이 이탈리아 친구들과 함께 걷게 되었는지를 말씀드렸다. 생장에서 방을 구하지 못해 체육관에서 같이 자게 된 이야기, 거기서 안토니오와 삐뽀와 친구가 된 이야기를 해드렸다. 다들 재미있어 하셨다. "그게 카미노"라고 말해 주시는 분도 계셨다.

식후에 식당 앞에 놓여 있는 테이블에 가서 앉았다. 젊은 미국 친구가 내 이름을 불러 주었다. 그는 나의 이름을 기억해 주었으나 나는 그의 이름이 정확하게 기억나지 않았다.

"진?"

"벤."

나는 우리가 론세스바예스와 산솔 알베르게에서 같이 저녁을 먹었다고 말해 주었다. 벤은 자기도 기억난다며, 그렇게 만났던 사람을 다시 만나고 또 다시 만나는 게 카미노 같다고 말했다. 벤은 여자 친구와 어머니와 함께 카미노를 걷고 있었다. 나는 벤에게 카미노를 걸으며 느낀 감상을 이야기해 주었다. "카미노에서 만난 사람들은 내게 모두 선생님 같습니다. 그들은 내게 많은 것을 가르쳐주었어요. 그들을 만나지 않았다면 몰랐을 경험, 지식, 세상에 대해서 새롭게 알게 되었습니다." 벤은 자신도 카미노에서 그런 것을 느끼고 배웠다고, 학교에서는 가르쳐 주지 않은 것들이라고 말했다. 벤과의 대

해바라기 순례자

화는 또 하나의 선물이 되었다.

안토니오는 이탈리아 몇몇 친구들과 다음날 부르고스의 에어비앤비 숙소를 예약할 거라며 나에게도 함께할 거냐고 물었다. 나는 좋다고 했다. 자리에 누웠다. 눈을 감으니 낮에 보았던 드넓은 들판과 그 들판을 가득 채운 해바라기 순례자가 보였다. 완숙의 모습으로 그분께 고개를 숙이고 있는 순례자. '나의 마지막도 그와 같을 수 있을까?'

9월 19일 · 카르데뉴엘라 리오피코-부르고스

늦게 일어났다. 체력이 달리는 것이 느껴졌다. 루치아노 선생님은 새벽 일찍 출발하셨다. 선생님은 부르고스를 통과해 더 걸어가겠다며 우리와 헤어지기로 하셨다. 인사를 못 드린 게 아쉬웠다. 안토니오도 루치아노 선생님과 떠났다. 안토니오는 부르고스에 예약한 에어비앤비 숙소에 일찍 들어가 쉬고 있겠다고 했다. 루치아노 선생님과 긴히 나누고 싶은 이야기가 있었던 것 같았다. 루치아노 선생님, 그는 자신을 선생, 세뇰이라 부르지 말라고 했지만 참 좋은 선생님이었다. 훌륭한 인품과 맑은 미소, 다정히 사람을 대하는 자세, 자신을 드러내지 않고 일하는 모습, 소년같이 순수하고 지혜자처럼 깊은 마음. 그 모든 게 존재에 배어 있는 사람이었다. 어디서 또 이런 사람을, 이런 선생을 만날 수 있을까.

예상보다 거의 한 시간 일찍 부르고스 숙소에 도착했다. 노란 화살표를 놓친 덕분에 지름길을 걸었다. 숙소는 부르고스 대성당 옆에 있었다. 안토니오와 슈퍼마켓에서 고기를 사

부르고스의 공원길

와서 함께 요리를 해서 먹었다. 모두 함께 먹는 줄 알았는데 아니었다. 마르첼로와 삐뽀, 스테파냐는 나중에 따로 스파게티를 해 먹었다. '왜 같이 식사를 안 하는 거지?' 이상했다. 우리랑 문화가 다른 건지 이탈리아 친구들 간에 내가 모르는 갈등이 있는 건지 알 수가 없었다. 어찌 되었건 나는 얼떨결에 안토니오에게 점심을 얻어먹었다.

식후에 안토니오는 먼저 부르고스 성당을 보러 나갔고 나는 빨래가 다 될 때를 기다려 모든 이의 빨래를 건조대에 널고 나서 나갔다. 시간이 안 맞아 안토니오를 만나지 못해 혼자 성당을 둘러보았다. 처음 받은 느낌은 외부에서 보았을 때와 같았다. '굉장하다. 어떻게 이렇게도 크고 높고 섬세할 수 있는 것인가?' 그런데 구조가 이상했다. 예배당 안에 여러 예배당이 있고, 곳곳에 왕, 왕비, 주교 같은 이들의 무덤이나 조각상이 자리하고 있었다. 예배를 위한 공간이라기보다는 박물관, 전시관, 추모관의 느낌이 강하게 들었다. 나는 그런 신학에 쉽게 동의할 수 없었다. 물론 이곳의 문화가 있고 이런 형태를 갖추게 된 그 나름의 이유가 있었을 것이다. 그러나 하나님을 예배하는 공간이 높은 사람들의 죽음을 기리는 무덤이 되는 게 맞는 일일까? 마음이 편하지 않았다.

성당이 너무 크고 넓어 대충 보고 나오는데도 한 시간이 걸렸다. 나와서 안토니오를 만났다.

"과하게 크고 과하게 예술적이군요."

"나도 그냥 그랬어요. 성당을 만든 것은 사람이에요. 예술가들은 그걸 만들면서 자아실현을 한 것이죠."

"교회가 거대한 무덤 같아요. 왕과 높은 사람들의 무덤. 그게 예수가 원했던 교회였다고 생각하지는 않아요."

"동의해요."

"토산토스의 작은 기도실이 이 성당보다 교회의 본질에 더 가까웠어요."

안토니오는 또 동의했다.

길거리 카페를 찾아갔다. 종업원이 콜롬비아 사람인데 이탈리아어를 할 줄 알았다. 안토니오는 자기 이름을 소개했다. 그러자 종업원은 자기의 지인 중에도 안토니오가 있다고 했다. 안토니오가 패밀리 네임을 물어보았는데 종업원은 모른다고 했다. 안토니오는 자기의 패밀리 네임이 '암브로시우스'라고 했다.

'그 유명한 암브로시우스?' 구글을 검색해 안토니오에게 보여주었다.

성 암브로시우스*Sanctus Ambrosius*는 4세기에 활동한 서방 교회의 4대 교부 중 한 사람으로서 법률가이자 밀라노의 주교이다. 아리우스파에 맞서 정통 기독교의 전례와 성직에 대한 개혁을 이룩한 사람으로 잘 알려져 있다. 기독교의 성인이며 교회 박사 가운데 한 사람이다. 암브로시우스는 그리스어에서 유래한 이름으로 '불멸'을 뜻한다.

나는 '불멸'을 힘주어 말했다. 안토니오는 살짝 눈가가 촉촉해졌다. 잠시 후 안토니오는, 자신을 배신하면 안 되는 사람이 배신을 했다고, 자기는 그 사람을 용서하고 싶다고 말했다. 그게 누군지는 말해 줄 수 없다고 했다. 그 사람이 행복하게 살면 좋겠는데 그러고 있지 못하다고 했다. 나는 사람이 누군가에게 잘못을 한 후 그 잘못에 대한 책임을 온전히 지기 전까지는 마음이 편할 수 없는 것 같다고, 그게 하나님이 일하시는 방식 같다고 말해 주었다.

나는 부르고스 성당의 저녁 미사에 참석했다. 나이 많은 신부가 미사를 인도했다. 성례전을 집전할 때 성체에 대한 존경의 뜻으로 무릎을 꿇었다가 일어나는데 그 행동이 젊은 신부들보다 훨씬 느렸다. 그 느림이 좋았다. 마음이 더 담긴 행동처럼 느껴졌다. 미사 중 누군가 내 옆에 와서 앉았다. 아소프라 알베르게에서 만났던 한국인 남매 중 누나였다. 그분은 나를 보고는 무척 반가워하셨다. 반가움을 넘어선 기쁨이 느껴졌다. 그분은 미사 중 계속 눈물을 흘렸다. '무슨 사연의 눈물일까.' 미사 후 짧게 인사를 나누고 헤어졌다. 많은 이야기를 나눌 수가 없었다. 이탈리아 친구들이 기다리고 있었기 때문이다. 이탈리아 친구들과는 타파스-바게트 위에 고기, 야채, 생선 등 온갖 것을 올려 먹는 음식-로 저녁 식사를 했다. 맛있었다기보다는 비쌌다.

안토니오는 다리가 아프다면서도 혼자 밤 산책을 나갔다가 11시가 넘어 들어왔다. 고민이 생각보다 깊은 것 같았다. '분노와 용서 사이에서 계속 배회하는 것일까.' 안토니오가 산티아고 길을 걸으며 마음의 평화를 찾을 수 있길 기도했다.

순례가 필요 없는 사람

9월 20일 · 부르고스-온타나스

안토니오는 새벽 5시에 일어나 나갔다. 나는 6시에 일어났다. 걷다가 삐뽀와 헤어지다 만나다를 반복했고 스테파냐도 카페에서 잠깐 만나 인사했다. 우리는 각자 걸었다. 부르고스를 거의 벗어났을 때 해가 완전히 떠 주위가 밝아졌다. 식품 제조공장에서 큰 기계음이 계속 들렸고 산솔 알베르게에서 먹었던 시래기국과 비슷했던 음식 냄새가 났다. 20분을 더 걸었을까? 공장도 보이지 않고 기계음도 들리지 않았는데 냄새는 계속 났다. 소리보다 냄새가 더 멀리 갈 수 있음을 처음 알았다. 사람에 대한 기억도 그럴까? 멀리 떨어져 있어도, 오랫동안 보지 못했어도 그 존재의 향이 느껴지는, 그리워지는 사람들의 얼굴이 떠올랐다.

나는 슈퍼에 들어가 점심거리로 바나나, 사과, 레몬주스를 사서 나왔다. 시간을 절약하기 위해 먹으면서 걸었다. 산이 나왔다. 오르막을 오르니 평지가 계속됐다. 동서남북 어디를 봐도 산 하나 보이지 않는 평지였다. '어떻게 이렇게 넓은

메세타 평원

땅을 개간해 농지를 만들었지? 이게 사람들이 말하던 메세타 평원이구나.' 밀밭은 추수를 마쳐 비어 있고 군데군데 해바라기 밭이 끝없이 펼쳐졌다. 3시간을 걸었는데 같은 풍경이었다. 사람들도 없었다. 혼자 길을 걷다 보니 맘 깊은 곳에 가라앉아 있던 감정들이 여러 얼굴과 함께 떠올랐다. 어떤 얼굴은 그리움과 함께, 어떤 얼굴은 분노와 함께, 어떤 얼굴은 미안함과 함께 떠올랐다. 마침 만나게 된 십자가 앞에 그들 모두를 위해 돌을 하나 올려놓고 기도를 드렸다.

길을 가다가 아주 외진 곳에 덩그러니 위치한 알베르게가 보였다. 숙소로 예약하려다가 못 한 신비한 알베르게 '산볼'이었다. 높은 평지에 가려 보이지 않던 작은 알베르게가 땅이 푹 꺼진 곳에 고독한 수도승처럼 혼자 자리하고 있었다. 그때 우연히 나는 핸드폰을 열었고 안토니오가 보낸 메시지가 와 있었다.

"루치아노 씨가 산볼에 있음. 인사하고 싶으면 가 보길."

곧바로 산볼로 발길을 돌렸다. 정말 루치아노 선생님이 마당에 있는 의자에 앉아 풍경을 보며 식사를 준비하고 계셨다. 나는 다가가 반갑게 인사를 드렸다. 루치아노 선생님은 반가운 얼굴로 나를 맞아주셨다.

"오, 그란데 쩨."

우리는 서로 부둥켜안았다.

"쩨도 여기서 묵나요?"

"아니에요. 안토니오랑 온타나스Hontanas에서 묵기로 했습니다."

루치아노 선생님은 두 팔로 산볼 알베르게의 주변 정경을 가리키며 아름답고 조용해 명상하기 좋은 곳이라고 하셨다. 함께 그곳에 묵지 않음을 아쉬워하셨다.

루치아노 선생님은 번역기를 켜시더니, "다시 만나게 되어 기쁩니다. 또 다시 만나면 좋겠습니다. 감사합니다"라고 인사하셨다. 나도 번역기를 켜 인사드렸다. "루치아노는 참좋은 선생님입니다.^^ 당신을 통해 인생에 대해 많은 걸 배우고 느꼈습니다. 또 만날 수 있길 바랍니다. 부엔 카미노."

인사를 드리고 몸을 돌려 걷기 시작하는데 눈물이 났다. 아버지가 생각났다. 루치아노 선생님과는 참 많이 달랐던 아버지. 언젠가 내가 묻지도 않았는데 앞뒤 없이 "나는 아버지가 일본에 징용 가시고, 징용 다녀와 바로 6.25 때문에 군대에 가시고, 이후 학교와 교회 일로 밖에서 활동을 많이 하셔서, 아버지의 사랑이라는 걸 모르고 자랐다. 그래서 이렇다"라고 무뚝뚝하게 말씀하셨던 아버지. 걷다가 뒤에서 소리가 들려 돌아보니 루치아노 선생님이 나를 향해 손을 흔들면서

외치고 있었다.

"그라치에(고맙습니다)!"

나 역시 선생님께 손을 흔들며 큰 소리로 인사드렸다.

"그라치에!"

참 정겹고 따뜻하고 맑은 사람. '순례가 필요 없는 분이 아닐까.'

드디어 온타나스에 도착했다. 산볼처럼 움푹 파인 곳에 자리한 작은 마을이었다. 마치 오아시스처럼 보였다. 온타나스 알베르게에 안토니오가 내 예약까지 같이 해 주었다. 마을이 쇠락해 보이는 것과는 달리 알베르게는 세련되게 새로 지은 건물이었다. 무엇보다 마음에 든 것은 든든한 2층 나무침대였다. 그간 묵었던 도미토리들의 2층 침대는 대부분 가벼운 철제로 된 것이었는데 많이 흔들렸다. 위에서 잘 때면 조금만 몸을 움직여도 침대 전체가 흔들리는 곳이 많았다.

마당에 있던 안토니오와 리오에게 음료수를 한 잔씩 사 주었다. 늘 받기만 해서 미안했다. 택시 한 대가 알베르게 마당에 들어와 섰다. 벤의 가족들이 내렸다. 벤의 어머니와 여자 친구는 내렸는데 벤은 보이지 않았다. 두어 시간 뒤에 더위로 얼굴이 빨개진 벤이 알베르게 마당으로 들어왔다.

"아까 어머니와 여자 친구가 택시에서 내려 이 알베르게로 들어갔어요."

"그래요? 잘 도착했군요. 와우. 그 두 사람은 몸이 좋지 않아 택시를 탔고, 나 혼자 걸어서 왔어요."

간혹 순례자 중 몸 상태가 좋지 않거나 힘든 코스를 만나면 택시로 점프를 한다고 들었는데 벤의 가족이 그런 경우였다.

온타나스의 알베르게는 시설이 무척 잘 되어 있었다. 아래층에는 수영장도 있고, 순례자들의 피로를 풀어주는 아쿠아 테라피 서비스도 있었다. 다만 수영과 테라피는 별도 비용을 지불해야 했다. 나는 시설만 둘러보고 나왔다. 붉은 노을이 검파란 서쪽 하늘로 넘어가고 있었다. 저녁 식사는 공동식사였는데 나는 안토니오와 리오 그리고 새로운 이탈리아 순례자 파피용과 함께 먹었다. 안토니오는 다음날 새벽 5시에 출발한다고 했다. 나는 6시에 일어나 걷겠다고 했다. 5시는 내게 무리였다. 안토니오는 다음날 묵을 알베르게는 이탈리아 봉사자들에 의해 운영되는 호스피탈 형식의 알베르게이고 그곳에서 다시 루치아노 선생님과 합류하기로 했다고 알려주었다. 다시 루치아노 선생님을 만날 수 있다는 기쁨 속에서 잠들었다.

이렇게까지 마음이 통하다니

9월 21일 · 온타나스-푸엔테 피테로

간만에 새벽 5:50에 일어났다. 이미 여러 순례자들이 길을 떠났다. 안토니오도 떠난 것 같았다. 새벽별을 보기 위해 5시에 떠난다고 했으니. 짐을 꾸려 밖으로 나갔다. 새벽이지만 한밤중 같았다. 하늘에서 별이 쏟아졌다. 가로등 불빛을 벗어나고 싶어 걷는 속도를 높였다. 동네를 벗어나자 어둠과 별빛을 온전히 마주할 수 있었다. 손을 뻗으면 별이 한 움큼 잡힐 듯했다. 별이 쏟아지는 하늘은 신비 그 자체였다. 내가 살아 있는 신비인 우주 안에 있음을 절실히 느낄 수 있었다. 별은 내가 작고 일시적인 존재이지만 크고 영원한 생명의 일부임을 일깨워주었다. '별이 이렇게 반짝이는 곳에 사는 삶과 별이 잘 보이지 않는 곳에서 사는 삶은 같을 수 없을 것이다.' 스페인 시골 새벽길을 걸으며 서울이 참 초라하게 느껴졌다.

혼자 길을 걸으니 마음이 여유로웠다. 점심 전에 푸엔테 피테로Puente Fitero 알베르게에 도착했다. 옛 교회를 통째로 호스피탈로 쓰고 있는 곳이었다. 외벽에는 이탈리아의 삼색 국기가 걸려 있었다. 교회였다고 하지만 너무 허름해 천장이 높은 창고처럼 느껴졌다. 그런데 안토니오가 안 보였다. 체크인을 하며 봉사자에게 안토니오가 왔는지 물으니 안 왔다고 했다. 중간 지점 어디서 오래 쉬고 있나 보다 생각했다. 루치아노 선생님을 만나 시간을 보내는지도 몰랐다. 본 건물에는 전기가 들어오지 않았다. 옛 중세의 모습을 그대로 간직하려는 '노력' 같았다. 화장실과 샤워실이 있는 뒤편 작은 건물에는 전기가 들어왔는데 태양광 발전으로 얻은 전기였다. 배가 고파 점심을 먹으려 하는데 가장 가까운 마을이 2킬로미터를 걸어가야 나온다고 했다. 하는 수 없이 땡볕 아래 왕복 1시간 걷기를 단행했다. 마을에 도착하니 카페나 식당이 없고 슈퍼만 하나 있었다. 먹다 보면 입 안이 까지는 바게트를 또 먹을 수밖에 없었다. 슈퍼 앞에 놓인 파라솔 테이블에 앉아 먹었다.

숙소로 돌아왔다. 나보다 먼저 숙소에 도착해 있던 독일인 친구 스벤은 아무것도 먹지 않았다. 나는 슈퍼에서 사온 빵을 스벤에게 내밀며 말했다. "이건 당신 거예요. 마음 편하게 먹어요." 스벤은 고맙다고 하고는 맛있게 먹었다. 안토니오는 아직 오지 않았다. 메시지를 보냈다. "이곳에 식당이 없으니 점심을 먹고 들어와요." 고맙다는 답장이 왔다. 오후 1-3시, 숙소 사무실이 문을 열지 않는 시간이기에 그 사이에 도착한 여러 명의 순례자들이 알베르게 문 앞에 모여 있었다.

성 니콜라스 알베르게 앞에서

오픈 시간이 다가오자 안토니오와 루치아노 선생님이 언덕을 넘어 등장했다. 정말 반가웠다. 안토니오에게 어떻게 된 거냐 물으니 멋쩍게 웃으며 말했다. "늦잠."

잠시 숙소 마당 의자에 혼자 앉아 있는데 키가 큰 사람이 옆에 앉으며 말을 걸었다. 그는 프랑스에서 온 제롬이었다. 파리를 거쳐 카미노에 왔다고 말하니 파리가 어땠느냐고 물었다. 도시 자체가 하나의 예술품 같고 몽마르트르 언덕에서 보니 프랑스의 정신인 평등과 자유가 평평한 지형에서 온 것 같다는 생각이 들었다고 말해주었다. 제롬은 살짝 고개를 끄덕였다. 나는 제롬에게 카미노를 왜 걷느냐고 물었다. 제롬은 일과 가족에서 벗어나 혼자만의 자유로운 시간이 필요했다고 말했다. 제롬은 작년에도 산티아고를 걸었다고 했다. 팜플로나에서부터 부르고스까지. 올해는 부르고스에서 레온까지 걷는다고 했다. 한 번에 시간을 많이 낼 수 없다고, 특히 아이들을 돌보아야 해서, 1년에 일주일씩 걷고 있다고 했다. 내년에는 레온에서 산티아고까지 걸을 거라고 했다.

우리는 종교에 대한 이야기도 나누었다. 제롬은 한국의 기독교인 비율이 전 인구의 20퍼센트라는 말에 많이 놀라워했다. 자신은 불교와 유교에 관심이 많다고 했다. 현재 프랑스에는 대중에게 인기가 높은 스님도 있다고 했다. 동양 종교에 관심이 많은 서양 순례자는 제롬이 처음이었다. 제롬은 우리가 좀 더 공감하며 살아야 한다고 말했다. "이 세상의 종교들은 '공감'이나 '사랑' 같은 보편 가치를 중시해야 한다고 생각해요. 언제까지 종교, 인종, 나라의 차이를 들어 싸우고 전쟁해야 하는지 모르겠어요. 지금도 러시아의 푸틴 한 사람의 편협함 때문에 전 세계가 고생하고 있는 현실을 받아들일 수가 없어요." 나는 제롬의 말에 전적으로 동의를 표했다. 신기했다. '인종, 국적, 종교가 달라도 이렇게 마음이 통할 수 있구나.'

저녁 식사 시간이 되었다. 식사 준비는 성 니콜라스 알베르게의 세 명의 봉사자가 준비해 주었다. 중세 모습을 그대로 간직하고 있는 이 알베르게는 전기가 들어오지 않았기에 촛불을 켜고 식사를 했다. 순간 중세로 시간 여행을 간 듯했다. 미국에서 온 다이앤과 리사, 네덜란드에서 온 세스와 한 식탁에 앉아 식사를 했다. 다이앤과 리사는 대학 시절부터 30년 지기였고, 세스는 배낭 여행자로 150일 넘게 여행 중이라고 했다. 세스는 집이 너무 그립다, 곧 여행을 마치고 일을 다시 시작할 것이다, 일을 잘 해 갈 수 있을지 모르겠다, 인스타그램에 여행 사진을 올리면 사람들이 반응해 주는 것이 좋다고 말했다.

식사 후 봉사자들은 순례자 일행을 제단에 나와 둘러앉게 했다. 우리는 함께 허밍으로 찬양했다. 아름다운 화음이 어우러진 찬양이 오래된 예배당을 가득 채웠다. 순서는 거기서 끝나지 않았다. 한 봉사자는 대야에 물을 받아와서, 순례

성 니콜라스 알베르게의 식탁

자들의 지치고 상한 발을 씻어주었다. 한 사람 한 사람의 발을 정성껏 씻어 주었다. 봉사자는 한 사람의 발을 씻길 때마다 무릎을 꿇고 몸을 낮추어야 했다. 모든 저녁 순서를 마치고 숙소 밖으로 나가 보니 별이 새벽보다 더 쏟아지고 있었다. 은하수까지 보였다. 하늘을 가득 채운 별들이 오후에 잠시 숙소 침대에 누웠을 때 본 햇살 속에서 작게 반짝이던 수많은 먼지처럼 보였다. 우리는 별 사진도 찍고 이야기를 한참 나누었다.

쉬운 용서

9월 22일 · 푸엔테 피테로-비야르멘테로 데 캄포스

어둠 속에서 일어나 짐을 꾸렸다. 핸드폰 충전기가 보이지 않았다. 어디에 잘 놓아둔 것 같은데 기억이 나지 않았다. 순례자들은 전날 저녁처럼 초를 밝히고 아침 식사를 했다. 우리는 짐을 꾸려 숙소 밖으로 나와 카미노 위에 섰다. 조가비 장식이 달린 망토를 입은 봉사자들은 우리를 위해 짧은 파송식을 진행해 주었다. 한 명 한 명 포옹하며 정을 나누고 길을 떠났다. 우리 일행은 한동안 말없이 길을 걸었다. 안토니오가 말했다.

"어제 알베르게는 카미노 순례의 핵심이었어요."

"맞아요. 그곳에는 카미노의 원형이 담겨 있었어요."

루치아노, 안토니오, 나, 파피용이 함께 걸었다. 보아디야 델 카미노Boadilla del Camino라는 마을에 도착했다. 나는 이탈리아 친구들에게 커피와 케이크를 대접했다. 먹고 나서 나는 일정상 먼저 떠나겠다고 말했다. 조금만 더 빨리 걸으면 계획한 일정 안에 산티아고를 거쳐 '땅끝' 피스테라Fisterra까지 갈 수

작은 운하와 배

있을 거라는 판단이 섰다. 내 계획을 전날 안토니오에게 말했고 안토니오가 다른 이들에게 전해 다들 알고 있었다. 루치아노 선생님은 정이 가득 담긴 눈빛으로 "쩨, 당신은 우리의 가족입니다"라고 말해 주셨다. 안토니오와 루치아노 선생님과 다시 한 번 깊은 포옹을 나눈 후 출발했다. 우리는 다시 만날 거라 믿었다.

다시 혼자가 되어 카미노에 올라섰다. 이전보다 좀더 자신감이 생겼다. 다리도 덜 아프고 남은 길을 잘 걸을 수 있다는 느낌이 발아래에서부터 차올랐다. 걷다가 제롬을 다시 만났다. 시골길은 조용하고, 가로수가 만들어 준 그늘이 좋고, 하늘이 맑고, 바람이 시원하고, 옆으로는 작은 운하가 흐르고, 그 위로 여행자들을 태운 배가 천천히 지나가는 완벽하게 평온한 아침이었다.

나는 제롬에게 공자에 대한 이야기를 하나 해주었다. "어느 날 공자의 제자가 스승에게 물었습니다. '스승님 가르침의 핵심은 무엇입니까?' 그러자 공자가 '서恕'라고 대답했습니다. '서'는 용서입니다. 이 글자를 풀이하면 윗글자는 같다는 뜻이고 아랫글자는 마음이란 뜻입니다. 곧 용서는 너의 마음과 나의 마음이 같아지는 것이고, 그것이 공자 가르침의 핵심입니다." 제롬은 '서'라는 글자의 뜻을 풀어 설명해 준 것이 좋다고 했다. 자신뿐 아니라 내게 잘못한 다른 사람을 용서해야 인생의 짐이 가벼워진다고 했다. 나도 전적으로 동의했다. 그러나 한편 용서란 쉬운 일이 아니라고, 때때로 용서는 정말 힘든 일이라고 나는 덧붙였다. 이에 대해 제롬은 이렇게 대답했다. "용서는 그렇게 어렵지 않습니다. 쉬운 일이에요. 나는 기억력이 좋은 편이라서, 누군가가 내게 한 잘못된 말과 행동을 모두 기억합니다. 그러나 용서합니다. 용서해야 마음이 편합니다. 용서하지 못하는 것은 무거운 짐을 계속 지고 있는 것과 같습니다." 나는 생각했다. '인간 삶의 경험은 다양하기에 제롬에게는 정말 용서하기 어려운 경험이 없었을지도 모른다.'

우리는 프로미스타Frómista라는 도시에 들어섰다. 약국에서 비타민을, 전자제품 상점에서 핸드폰 충전기를 사야 했기에 제롬과 헤어졌다. 살 것을 사고 도시를 빠져나와 언덕에 올라서니 직선 도로 옆으로 작은 길이 나 있었다. 카미노를 걸으며 이렇게 긴 도로 옆길은 처음이었다. 결국 알베르게까지 똑같은 길이었다. 그늘 한 점 없는 카미노는 그 어느 때보다 뜨거웠다. 구름이 가득했던 때가 그리웠다. 무릎은 더 이상 걷기 힘든 상태였다. 더 걸으면 무릎이 버티지 못할 것 같아서 예정보다 하나 앞 지점인 비야르멘테로 데 캄포스Villarmentero de Campos에서 멈추었다.

알베르게로 들어가 샤워와 빨래를 마치고 오렌지 주스와 초콜릿 파이를 사서 마당의 나무 그늘을 찾아갔다. 내가 마당에 들어설 때부터 웃는 얼굴로 나를 바라보던 나이 많은 아저씨의 옆자리에 앉았다. 나는 그분께 파이 절반을 나누어 드렸다. 그런데 아저씨는 갑자기 핸드폰을 켜더니 자신이 언어 장애가 있다고 써서 보여 주셨다. 가만히 보니 그의 배낭에는 귀 그림 위에 엑스 자로 된 큰 표식이 붙어 있었다. 71세 미누엘, 스페인 바르셀로나에 살며 4년에 걸쳐 일 년에 조금씩 생장에서부터 산티아고까지 걷고 있다고 했다. 올해는 3년차로 부르고스부터 레온까지가 목표다. 미누엘은 나에게 "당신은 착하며 잘생겼다"고 했다. '초콜릿 파이의 힘인가?' 나는 레온까지 멋지고 안전한 여행과 순례가 되길 빌어주었다.

알베르게 입구로 키 큰 사람이 들어왔다. 제롬이었다. "오, 제롬!" 제롬은 씻고 나와서 내 옆에 앉았다. 제롬은 자리에 앉자마자, 왜 아침에 자기에게 용서에 대해 말해주었느냐고 따지듯 물었다. 당신이 유교에 관심을 가지고 있기에 유교의 핵심 가치에 대해 말해주고 싶었다고 했다. 제롬은 오후에 걷는 내내 용서에 대해 생각했다고 했다. "가만히 생각해 보니 인간에게 용서는 어려운 거라 말했던 당신의 말이 맞는 것 같다. 말로는 용서한다고 쉽게 말할 수 있지만 진짜 마음에서는 그렇지 않을 때가 많은 것 같다"라고 했다. 우리는 함께 오후의 지복을 누렸다. 적당한 햇살, 시원한 그늘과 잔잔한 바람, 바람에 반짝이며 흔들리는 나뭇잎, 마음 통하는 친구까지 모든 것이 완벽했다.

기다리던 저녁 만찬 시간. 일행이 다 먹을 수 없을 정도로 많은 음식이 나왔다. 모두가 맛있었다. 카미노에서 제일 많이 먹은 날이었다. 오른쪽에는 제롬이, 왼쪽에는 마구엘이 앉았다. 마구엘은 이탈리아 청년으로 볼로냐 근처 도시에 산다고 했다. 며칠 전에 길에서 마구엘을 처음 만났을 때 그가 발에 생긴 물집 때문에 고생한다고 말했던 게 기억나 발의 상태를 물으니 계속 좋지 않다고 했다. "오늘은 물집 때문에 10킬로미터밖에 걷지 못했다"고 했다. 식사 후에 내가 발을 한 번 봐도 되겠느냐고 물었다. 처음에는 깜짝 놀라더니 내가 한 번 더 물으니 그렇게 하자고 했다.

식후에 마당에 나가 마구엘의 발을 살펴보았다. 양쪽 발 모두 물집이 여러 군데 잡혀 있었다. 실 요법도 써 보고 패치도 써 보았는데 효과가 없었단다. 실을 관통시키고 얼마나 유지했냐 물으니 하룻밤만 했다는 것이다. 하룻밤으로는 부족하다, 이틀은 유지해야 한다고 일러주었다. 그리고 신발에 여유 공간이 있다면 양말을 두 개 신는 것도 좋은 방법이라고 알려주었다. 마구엘은 나의 나이를 물었다. 오십이라고 말하니 깜짝 놀랐다. 마구엘의 나이를 물으니 한 번 맞춰보라고 했다. "26? 27?" 마구엘은 막 웃더니 스무 살이라고 답했다. 체구가 크고 수염을 길러서 전혀 그렇게 보이지 않았다. 마구엘은 알베르게 안에서 자지 않는다고 했다. 옛 순례자들이 대개 노숙을 했듯이 자기는 마당에 텐트를 치고 잔다고 했다. 일반 숙박료의 반액만 내고 샤워 시설과 식당을 이용한다고 했다. 카미노에서는 잠자는 법도 다양했다.

신부님이세요?

9월 23일 · 비야르멘테로 데 캄포스 - 칼사디야 데 라 쿠에사

　제롬이 계속 자고 있어서 인사도 하지 못하고 길을 나섰다. 계획대로 걸으면 오후에는 산티아고 순례의 딱 절반 지점에 이를 수 있겠다고 생각했다. 여느 때처럼 길 앞뒤로 다른 순례자들이 있었다. 큰 개와 함께 카미노를 걷고 있는 스페인 모녀와는 계속 앞서거니 뒤서거니를 반복했다. 이틀 전부터 같은 알베르게에서 묵고 있는데 왠지 오늘도 그럴 것 같다는 생각이 들었다. 엄마도 딸도 큰 개도 다 선해 보였다.

　카리온 데 로스 콘데스Carrión de los Condes라는 큰 도시를 지나게 되었다. 간식을 먹기 위해 카페에 들렀다. 감자케이크와 커피를 주문했는데 주인 아주머니는 바게트를 두 개 더 얹어 주셨다. 감사 인사를 드리고 슈퍼마켓이 어디 있는지도 물었다. 아주머니는 메모지에 그림 같은 약도를 그려 주셨다. 카페 앞에 큰 성당이 있어 들어갔다. 스페인에는 성모를 기념하는 성당이 많았는데 그 성당도 그랬고 이제는 예배당이 아니라 전시관으로 사용하고 있었다. 전시된 그림 중 성모 마리아의 탄생화가 인상적이었다. 성자 없이 성모의 탄생만을 묘사하는 그림은 처음 보았다.

도시를 벗어나 카미노를 계속 걸었다. 사람이 없는 길을 걷다 보니 다시 생각이 깊어지고 마음은 기도의 자리에 이르렀다. 맘속에 떠오른 몇 사람과 나 자신을 위해 기도드렸다. 길에 대한 노래가 떠올라 혼자 흥얼거렸다. "슈퍼스타K 2016"에서 김영근이 부른 〈집으로 오는 길〉이었다.

해가 지는 그곳으로 외길을 따라
무거워진 발길을 재촉해
어지러운 세상과 그리고 사람들
가끔씩은 두렵기도 했지
저 반짝이는 불빛을 따라 떠났던 길
혹시 너무 멀리 가버린 건 아닌지
무엇이 되려 했나 이 험한 세상에서 난 또
어떤 걸 갖고 싶었나
집으로 오는 길

결혼식을 앞둔 교회 청년을 위한 축하 영상을 촬영해 보내 주어야 했다. 카미노 중간쯤에서 하려고 계속 촬영을 미루어 왔다. 넓은 들판과 카미노를 배경으로 촬영했다. "두 사람의 결혼을 축하합니다. 저는 지금 스페인에 있는 산티아고 순례길을 걷고 있습니다. 절반쯤 왔습니다. 제가 지금 순례길을 걷고 있어서 얼굴이 좀 엉망이고 망가져 있습니다. 인생길은 순례길보다 어렵습니다. 그래서 나도 모르는 사이에 엉망이 되고 망가질 때도 있지요. 결혼은 서로의 망가진 모습까지 안고 가야 하는 길입니다. 이제 두 사람이 함께 길을 갈 텐데 좋고 행복한 길이 되면 좋겠습니다. 카미노 위에서는 '부엔 카미노'라고 인사합니다. 좋은 길이라는 뜻입니다. 두 사람 함께 가는 길이 부엔 카미노가 되길 바랍니다."

칼사디야 데 라 쿠에사Calzadilla de la Cueza의 알베르게에 도착해 하루를 정리했다. 마당에서 빨래를 널고 있는데 제롬이 들어왔다. 깜짝 놀랐다. 이야기를 들어보니 카리온 데 로스 콘데스까지만 걷고 거기서부터는 택시를 타고 이곳에 왔다는 것이다. 제롬은 옆에 있는 알베르게에 묵고 있는데 왠지 내가 이 알베르게에 있을 것 같은 느낌이 와서 들어와 봤다는 것이다. '대단한 직감이다.' 제롬은 "걸어오면서 길이 똑같아서 지루하지 않았냐"고 물었다. 그랬다고 하자 그럴 줄 알았다고 했다. 저녁 7시에 마을 식당에서 만나 같이 식사하기로 약속을 하고 헤어졌다. 제롬은 스페인 모녀도 함께 식사하기로 했다고 내게 일러주었다.

잠시 숙소에 있다가 빨래를 확인하러 마당에 나갔는데

어떤 한국인이 다가와서 내게 물었다. "한국 분이세요?"

인상이 좋아보이셔서 마음을 열고 응대를 했다.

"네. 한국 사람입니다." 그분은 지쳤지만 자랑스러운 표정으로 말씀하셨다.

"저는 오늘 혼자 36킬로미터를 걸어왔습니다."

내 얼굴을 가만히 살피시더니 물었다.

"신부님이세요?"

"아닙니다. 목사입니다."

"어째 그런 느낌이었습니다. 저도 수도자입니다. 프랑스에 오래 있다가 한국에 좀 있다가 다시 프랑스로 간 지 1년 됐습니다."

"그럼 수녀님이신 거죠?"

"네."

수녀님과 나, 제롬, 스페인 모녀와 그들의 순례 동행견 아이카까지 여섯이 함께 식사를 했다. 수녀님은 프랑스 샴페인의 원산지인 상파뉴 지방에 있는 수도원에서 30년 정도 사셨다고 했다. 수녀님은 한국 입양아를 키우는 프랑스인들에 대해 말씀해 주셨다. 수도원 동네에도 한국에서 프랑스로 입양된 형제가 있다고 하셨다. 그리고 피레네 산속 어느 프랑스인 가정에서도 한국인 아이 둘을 입양해 키웠는데 그중 한 아이는 중증 장애아였다고 한다. 그 가정과도 오랫동안 관계를 맺고 있는데 그 부부야말로 진정한 성자 성녀라고 말씀하셨다.
스페인 모녀는 스페인어를 할 줄 아는 제롬과 주로 대화를 했
다. 딸은 식사 도중에 아이카를 위해 큰 캔을 따서 가공육을
주었다. 아이카는 정말 똑똑했다. 한 명의 사람처럼 순례길을
걸었다. 하루에 20-30킬로미터를 걷고 저녁이 되면 알베르
게에서 잤다. 나와 같이 길에서 몇 번 마주친 사람은 먼저 알
아보고 반갑게 꼬리를 흔들어 주었다. 기온이 갑자기 떨어져
조금 춥기는 했지만 즐거운 식사였다. 제롬은 우리 모두를 위
해 음료수를 샀다. 그리고 자신의 전화번호와 이메일을 적어
주며 언제고 연락하라며 자기의 알베르게로 갔다.

내가 누운 침대 위 천장에 작게 유리창이 나 있었다. 별은
보이지 않았다. 구름이 많이 껴 있었다. '내일은 비가 올지도
모른다.'

제20일

중간까지 잘 왔구나

9월 24일 · 칼사디야 데 라 쿠에사-사아군

밤새 코골이 소리에 힘들었다. 카미노를 걸으며 순례자를 만나 그들의 이야기를 들을 때마다 정현종의 시 〈방문객〉이 떠올랐다. 그들의 과거와 현재와 미래의 이야기, 일생의 이야기, 그야말로 어마어마한 이야기를 들으며 그 무게를 느꼈기 때문이다. 그런데 그들의 이야기와 더불어 코골이 소리도 이렇게 어마어마하게 함께 올 줄은 몰랐다. 귀마개를 껴도 바로 옆, 바로 아래, 바로 위에서 나는 소리에는 별 효과가 없었다.

무거운 몸을 일으켜 밖을 살피니 다행히 비는 안 왔다. 덜 마른 양말을 그냥 신었다. 다른 날보다 알베르게에 늦게 도착해 빨래 시간이 늦어졌고 비구름도 있어서 빨래가 마르지 않았던 것이다. 밖으로 나오니 사방이 어두웠다. 카미노 위에 사람들이 없었다. 어두운 길을 그냥 걸었다. 도로 옆에 난 길을 계속 따라가면 되었다. 가로등 하나 없는 길을 한 시간 동안 걸었다. 그 사이 한 사람도 만나지 못했고 차는 앞에서 한 대, 뒤에서 한 대가 지나갔다.

쿠에사를 떠나면서

한참을 더 걸어 사아군^{Sahagún}에 도착했다. 산티아고 순례 길의 중간 거점도시다. 사아군에는 알베르게와 순례자 사무실을 겸하는 곳이 있었다. 그곳에서는 사아군의 스탬프만 찍어주는 것이 아니라 비용을 지불하면 중간까지 왔다는 순례자 인증서도 발급해 준다고 했다. 나는 스탬프만 찍고 나왔다. 나는 오다가 눈여겨본 알베르게로 갔다. 호텔처럼 생겼는데 알베르게라고 크게 현관에 써놓았다. 앱을 보니 도미토리가 8유로였다. 적당했다. 그런데 막상 들어가 보니 호텔이었다. 데스크에는 연세가 지긋해 보이는 분이 서 계셨다. 8유로 도미토리는 방이 없고 4인 1실이 있는데 12유로라고 했다. 잠시 고민했더니 그분이 직접 안내해 방을 보여주시고 설명도 해 주셨다. "만약에 다른 손님이 더 안 오면 이 방은 당신 혼자 쓰면 된다"라고도 해 주셨다. 체크인을 위해 다시 데스크로 돌아왔다. 아저씨는 마실 물도 가져다 주셨다.

점심을 먹기 위해 시내 식당가로 가보았다. 그런데 마침 장날이었다. 시골 장터 같았다. 주변 농가에서 직접 키운 온갖 과일을 아주 싸게 팔고 있었다. 손님들이 가장 많이 몰린 곳은 하몽(숙성시킨 고기)을 파는 곳이었다. 큰 트럭에 온갖 종류의 고기가 매달려 있었고 상인은 연신 고기를 썰어 무게를 달고 계산을 하고 포장한 고기를 손님에게 건넸다. 옷가지를 파는 곳도 많았다. 평소에는 자동차 도로였을 길 양옆으로 판

매대가 즐비했다. 광장에는 젊은이들이 가득했고 식당에는 발 디딜 틈도 없었다. 그래도 배가 고팠기에 용기를 내 식당으로 들어갔고 식사를 주문했다. 그런데 식사 시간이 지나서 술만 판다는 것이었다. 하는 수 없이 밖으로 나와 빵집을 찾아갔다. 옛날에 즐겨먹던 맘모스 빵 같은 큰 빵이 보였다. 두툼하고 안에는 고기도 들어 있었다. 나는 손바닥을 보여주며 이 정도 크기만 살 수 있냐고 물었다. 주인은 당연하다는 듯이 고개를 끄덕이고는 금방 칼로 잘라 포장해 주었다. 빵 이름을 물어보지 못했지만 햄버거보다 훨씬 몸에 좋을 것 같았고 맛도 있었다.

숙소로 돌아왔다. 방에는 아무도 없었다. 저녁에 밥을 먹으러 식당에 갔더니 호텔 식당이라 그런지 순례자들의 평균 나이가 60대 중반 이상은 되어 보였다. 내가 최연소자였다. 캐나다, 미국, 아이슬란드에서 온 분들의 식탁에 합석을 제안받아 함께 식사를 하게 되었다. 여덟 분이었는데 결혼한 지 40년 넘은 커플이 셋이었고 대부분 은퇴를 기념해서 오신 분들이었다. 몇몇은 이미 서로 알고 있는 사이처럼 보였다. 한 분이 식사가 나오기 전에 자기 소개를 하자고 하셨다. 한 사람씩 돌아가며 자기 소개를 했다. 아이슬란드에서 온 부부는 남편이 어부였고 아내는 은행원이었다고 하셨다. 체구가 큰 제이케이는 남자 간호사 출신이었다. 75세이신 할머니는 산티아고에 왔지만 힘이 없어서 걷지는 못한다고, 차로 이동하며 좋은 경치를 보고 저녁이면 세계 곳곳에서 온 사람들과 이야기를 나누는 것이 좋다고 하셨다. 보스턴에서 온 부부는 고요함 속에 걷는 단순함이 참 좋다고 하셨다. 내 차례가 되었다.

"저는 한국에서 왔고 쩨라고 합니다. 카미노에서 별을 보는 게 좋습니다. 새벽에 해 뜨기 전 하늘에 있는 별을 자주 봅니다. 며칠 전에는 한밤중에 은하수를 보기도 했습니다. 그리고 산티아고에서 사람들을 만나 이야기 나누는 것이 참 좋습니다. 산티아고는 마치 하나의 큰 학교 같습니다. 제가 만난 한 사람 한 사람 모두가 제게는 선생님 같았습니다. 그들로부터 많은 것을 배웠습니다."

그러고는 순례 첫날 생장에서 숙소를 구하지 못하다가 체육관에서 자게 된 이야기를 해 드렸다. 다들 놀라워하셨다. "그게 카미노다", "쩨는 젊으니까 그럴 수 있었던 거다. 우리들은 그렇게는 못 한다", "우리도 젊었을 때 카미노에 왔으면 쩨처럼 했을 거다", "쩨, 남은 길은 꼭 숙소 예약을 하고 다녀라" 등등의 말씀을 해 주셨다. 다들 단순한 걷기가 주는 평안을 좋아했고, 산티아고에서 많은 사람을 만나 이야기를 나누는 것을 좋아했으며, 다른 사람들이 자신과 같은 것을 느끼는 것에 감동했다. 나 역시 그랬다.

다시 방으로 돌아왔다. 카미노에 와서 처음으로 독방을

썼다. 선물 같았다. 중간까지 잘 왔다고, 힘내서 남은 절반도
잘 가보라고 격려해 주는 듯했다.

높은 곳에는
십자가가 있었다

한국인들의 저녁 식사

9월 25일 · 사아군에서 렐리고스까지

아무도 코를 골지 않는 조용한 밤이었지만 추워서 몇 번 깼다. 어둠 속에서 길을 떠났다. 새벽 하늘에는 별이 가득했다. 목을 꺾어 하늘을 바라보며 걸었다. 별을 보고 걷노라면 그 옛날 순례길을 걸었던 순례자들과 내가 이어지는 느낌이 들었다.

어느덧 해가 밝게 떠올랐다. 누군가 길 위에 앉아 있는 게 보였다. 나바레테 알베르게에서 만났던 독일 청년이었다. 발목이 삐끗해서 통증 때문에 잠시 쉬고 있다고 했다. 내가 가지고 있던 발목 보호대를 건네며 사용해 보라고 했다. 그와 비슷한 보호대를 착용해 보았는데 오히려 복숭아뼈 부분을 압박해 더 아팠다며 사양했다. 그래도 고맙다고 인사를 해 주었다. 나는 잘 회복되길 바란다고 하고 다시 길을 떠났다. 얼마 걷지 않아 이틀 전 비야르멘테로 알베르게에서 만났던 바네사를 다시 만났다. 걸음 속도가 비슷해 함께 걸으며 이런저런 이야기를 나누었다. 바네사는 영국 사람인데 6년 동안 배

위에서 살고 있다고 했다. 한 사람이 들어가 잘 수 있는 작은 배라고 했다. 그 배를 타고 유럽 곳곳을 다니고 있고 현재는 프랑스의 작은 마을 강가에서 지낸다고 했다. 대략 90개의 나라를 여행했으며 여행하는 곳에서 일이 생기면 그 돈으로 경비를 충당한다고 했다. 명상하는 법을 배워서 매일 명상을 하고 지금의 삶에 매우 만족하며 행복하다고 했다. 나는 바네사의 이야기를 들으며 '그렇게 살 수도 있구나. 삶의 형식은 그렇게 다양한 것이구나. 그래, 인생은 그렇게 살아도 되는 거지'라고 생각했다. 그 자유로운 삶의 이야기를 듣는 것만으로도 내 가슴은 시원해졌고 한층 더 넓어졌다.

우리 둘과 걸음 속도가 비슷한 또 다른 순례자들을 만났다. 스페인 친구와 그의 프랑스 여자친구, 이 둘도 이미 카미노 위에서 여러 번 만나 인사를 나눈 적이 있었다. 스페인 친구가 물었다.

"왜 옛날에 그 많은 순례자들이 이 카미노를 걸었는지 알고 있나요?"

"면죄부를 받기 위해서 아니었나요?"

"그것도 맞는데 다른 이유가 있었어요. 산티아고 대성당에 성 야고보상이 있는데 그의 두 손을 잡고 세 번 절하면 세 가지 소망이 이루어진다는 전설이 있었죠. 무슨 소원이든 세 가지를 빌 수 있었지요. 당신도 한 번 해봐요. 뭐든 이루어질

카미노에서 만난 무지개

겁니다."

바네사와 이런저런 이야기를 나누며 걸어가는데 다른 순
례자 두 명이 우리를 앞질러 걸어갔다. 아까 발목이 삐었다며
길가에서 쉬고 있던 독일 친구였다. 여전히 발목이 아파 보
였는데 걷는 속도는 빨랐다. 그의 옆에는 필리핀 신부가 함
께 걷고 있었다. 바네사와 나는 우리를 추월해 가는 두 사람
을 지켜보았다. 나는, 저 독일인은 조금 전에 발목이 삐어서
걷기 힘들어 쉬고 있었다고, 바네사도 보지 않았냐고 물었다.
바네사도 보았다고 했다. 그런데 어떻게 아파서 잘 걷지 못하
던 사람이 갑자기 저렇게 잘 걸을 수 있을까? '함께 걷는 힘'
이 아닐까? 카미노에서 수많은 순례자가 800킬로미터를 걸
을 수 있는 힘도 그 힘 때문이리라 생각했다.

우리는 어느 새 렐리고스Reliegos에 도착했다. 바네사와 함
께 공립 알베르게를 찾아갔다. 체크인 후에 동네 식당에 가서
간단하게 점심 식사를 했다. 내가 점심을 샀다. 우리나라 곱
창볶음 같은 것이 있어 주문했는데 알고 보니 바네사는 채식
주의자였다. 얼른 콩요리를 추가 주문했다.

나는 바네사에게 물었다.

"전에 같이 걷던 프랑스 친구와는 중간에 헤어졌나요?"

"며칠 전 아침에 길에서 넘어져 머리에 상처를 입었어요.
병원에 입원했어요. 나중에 레온에서 다시 만나기로 했어요."

"혹시 그때 미국 남자가 와서 도와주지 않았나요?"

"맞아요. 그걸 어떻게 알아요? 제이케이라는 간호사 출신의 미국 남자였어요."

"체구가 컸지요?"

"곰돌이 푸처럼 배가 많이 나왔어요."

"하하. 맞아요. 사아군 알베르게의 저녁 식사 자리에서 제이케이를 만났었죠. 프랑스 순례자가 길에서 넘어졌는데 도와주었다는 이야기를 한 적이 있어요."

카미노를 걷는 순례자들 사이에 알음알음 관계가 생기고 그 관계가 또 다른 관계와 이어지는 게 신기하면서도 좋았다. 하나의 공동체 같았다.

우리는 숙소로 돌아왔다. 바네사는 저녁 식사는 가지고 있는 빵과 음식으로 간단히 하겠다고 했다. 알베르게 복도를 지나다가 한국인을 만났다. 검은색 바탕에 'KOREA ARMY'(대한민국 육군)가 흰색 글씨로 새겨진 반팔티를 입고 계셨다. 먼저 말을 걸어오셨다.

"한국인이세요?"

"네."

"이 알베르게에 한국인이 몇 분 계신데 이따가 저녁을 함께 만들어 먹기로 했어요. 같이 식사하시겠어요?"

"좋습니다. 그런데 저는 마을 성당에서 저녁 미사가 열리면 참석할 예정이라 식사를 함께 못할 수도 있습니다. 지금 성당이 열렸나 확인하러 가는 길인데 다녀와서 알려드릴게요."

"네. 그러세요."

성당 문은 굳게 닫혀 있었다. 나는 곧바로 마을 슈퍼마켓을 찾아갔다. 관절염에 좋다는 레몬 주스를 한 병 사가지고 한국인들의 저녁 식사에 합류했다. 카미노에 와서 한국인들과 함께하는 첫 식사 자리였다. 쿠에사 알베르게에서 만났던 프랑스에서 오신 수녀님, 60대 아저씨 두 분, 50대 아저씨 한 분, 길에서 몇 번 인사를 나누었던 미국에서 온 40대 남성, 나를 식사 자리에 초대한 윤정 씨, 그리고 나 이렇게 일곱 명이 함께 식사를 했다. 스파게티 라면은 정말 맛있었다. 한국에서 가지고 온 라면 스프와 계란을 풀어 국물을 만들고 스파게티 면을 넣어 끓인 라면이었다. 여러 메뉴 중 라면이 가장 인기가 많았다. 이게 원래 맛있는 조합인지 카미노에서 먹어서 맛있는지는 알 수 없었다.

밤에 바네사가 레온의 공립 알베르게를 예약하려고 하는데 생각이 있냐고 물었다. 나는 좋다고 했다. 새벽 5시에 일어나기로 약속을 했다. 레온에 가면 핸드폰 유심과 바르는 파스를 사야 한다는 메모를 남기고 잠들었다.

그건 당신의 잘못이 아닙니다

9월 26일 · 렐리고스에서 레온까지

동행이 늘었다. 캐나다에서 온 엘리와 나이가 많아 보이는 아저씨 한 분이 같이 걸었다. 나와 엘리가 앞에서 걸었고 바네사와 아저씨가 뒤에서 걸었다. 엘리의 헤드랜턴이 우리 두 사람의 앞을 비추었다.

엘리가 왜 산티아고 길을 걷냐고 물었다. 숨 이야기를 해주었다. 엘리는 나흘 전에 55번째 생일이었는데 이를 기념해서 왔다고 했다. 공항에서 여행객들의 짐을 검색하는 일을 한다고 했다. 내 직업을 묻기에 교회 사역자라 했더니 멋진 일이라며, 자기는 가톨릭 신자인데 미사를 드릴 때면 마음이 평안해진다고 했다. 모두 배가 고플 때쯤 카페가 나왔다. 무뚝뚝해 보이던 아저씨와도 인사를 했다. 이름은 월리. 65세의 캐나다인이었다. 월리는 카페라테를 두 잔이나 시켜서 마셨다. 그러면서 월리는 멋진 말을 했다. "아침에 마시는 두 잔의 커피는 나의 정신을 샤워시켜 줍니다."

다시 걷기 시작했다. 월리와 내가 앞에 서고 바네사와 엘리가 뒤에 섰다. 윌리는 이번이 세 번째 카미노였다. 윌리의 배낭에는 딸이 바느질로 새겨준 문구가 적혀 있었다. "Wally Walking"(윌리는 걷는다). 딸은 타투이스트로 윌리의 양 종아리와 팔뚝과 손목의 타투도 해주었다고 했다. 한 쪽 종아리에는 십자가가, 다른 쪽 종아리에는 윌리를 상징하는 상상 속 동물이 새겨져 있었다. 그리고 한쪽 손목에는 'IV'가 새겨져 있었는데 6형제 중 자기가 4호라는 뜻이고, 둘째와 다섯째 형제도 그렇게 숫자를 새겼다고 했다고 했다. 윌리는 팔뚝도 보여 주었는데 한때 세계적으로 유행했던 《윌리를 찾아라》의 윌리 얼굴을 자신의 얼굴로 바꾸어 새겨 넣었다.

윌리가 물었다. "쩨, 직업이 무엇인가요?"

"목사입니다. 교회에서 일합니다."

"엇, 우리 아버지도 목사셨습니다. 캐나다 침례교회 목사셨어요. 목사로 일하는 것 쉽지 않은데. 쩨는 목사로 일하면서 뭐가 제일 힘든가요?"

"음… 저는 지금의 교회에서 20년째 일하고 있는데 오랫동안 함께 알고 지내셨던 어르신들이 돌아가시는 것, 그분들의 장례를 치러드리는 게 심적으로 어렵고 힘듭니다. 제 아버지도 4년 전 암으로 돌아가셨어요. 아주 건강하셨는데 갑자기 암에 걸리셨고 죽음에 대한 준비를 못 하시고 돌아가셨죠. 죽음을 앞두고 이야기도 제대로 나누지 못했어요. 하나님을

월리 팔뚝에 새겨진 월리

믿고 사람들에게 삶의 의미에 대해 설교하는 목사지만 가끔 삶의 의미가 뭔지 잘 모르겠어요."

월리도 자기 삶의 이야기를 들려주었다. 월리는 두 번 결혼했고 지금은 혼자 살고 있다. 두 번의 결혼 모두 10년씩 살았고 지금은 10년째 혼자 살고 있다. 월리는 오래 전 이야기, 가슴에 깊이 묻어두었던 이야기도 해주었다. 막내 남동생이 있었는데 착하고 성실했으며 모두들 그를 좋아했다. 그런데 그가 20대 초반에 자살로 죽었다. 일찍 결혼해서 아이도 둘 있었다. 자살하기 전에 동생은 월리에게 자살도 죄가 되냐고 물은 적이 있었다고 했다. 월리는 동생의 죽음을 막지 못한 죄책감을 가지고 있었다. 나는 조심스레 내 생각을 말해 주었다. "월리, 동생의 죽음은 정말 안타깝지만, 그건 당신의 잘못이 아니라고 생각합니다." 우리는 함께 울면서 걸었다.

월리는 내가 목사라 그랬는지 자신의 신앙관과 교회관에 대한 이야기도 했다. 결혼할 때마다 아내가 교회에 가보자고 해서 새로운 교회에 갔지만 목사들의 설교에 공감이 되지 않았다고 했다. 재혼한 아내의 전 남편이 암으로 죽었는데 교회 목사라는 사람이 와서 한다는 말이 고작 교회에 나와 보라는 말이었다고, 아무런 위로가 되지 못했다고, 그래서 이제는 교회에 다니지 않는다고 했다. 그러면서 월리는 이렇게 말했다. "쩨, 나에게는 새로운 교회가 있어요. 바로 내가 가꾸는 정원과 그 정원을 바라보며 마시는 커피예요. 그것이 나의 교회입니다."

큰 언덕을 넘으니 아래로 거대한 도시가 보였다. 레온León이었다. 끝이 보이지 않았다. 도시 한가운데 멀리서도 크게 보이는 레온 성당이 압도적이었다. 공립 알베르게에 짐을 풀고 고대 도시를 둘러보았다. 성당도 보고 근처 식당에서 점심도 함께 먹었다. 우리는 식사를 하는 중에 거리를 지나가는 친구 순례자들에게 인사를 하느라 바빴다. 우리는 숙소로 돌아갔다. 돌아가는 길에 유심카드와 파스를 샀다.

숙소에서 쿠에사와 렐리고스에서 만났던 한국 수녀님을 다시 만났다. 수녀님과 함께 저녁 식사를 했다. 수녀님은 산티아고 길을 걸으며 만난 한국 순례자들 이야기를 하셨다. 그 중에는 내가 만났던 남매 팀도 있었다. 같은 알베르게에서 묵었는데 비빔밥을 아주 맛있게 만들어 먹었다고 하셨다. 수녀님과 식사를 마치고 저녁 미사에 참석했다. 수녀원에 딸린 작은 예배당이었다. 작지만 파이프오르간과 찬양대석을 갖춘 아름다운 공간이었다. 회중이 너무 적었다. 출입문이 열리더니 키가 큰 남자가 들어왔다. 뉴질랜드에서 오신 70대 아저씨였다. 젊은 시절 마라톤 동호회 활동을 하셨던 건각健脚의 사나이. 카미노에서 몇 번 스치며 인사를 나눈 적이 있었다. 처음에는 좀 냉랭한 분위기였는데 몇 번 미사 자리에서 만난 이

레온 수녀원 성당

후에는 눈빛이 부드러워지셨다. 미사 때마다 아저씨는 제대를 향해 한쪽 무릎을 꿇고는 머리를 깊이 숙여 인사를 드린 후 자리로 가서 앉으셨다. 그 인사 하나만으로도 충분한 예배를 드린 듯 보였다.

회중은 일곱 명이었는데 미사 찬양을 위해 참석하신 수녀님들은 열세 분이었다. 미사는 수녀님들의 찬트로 진행이 되었다. 파이프 오르간과 연세 많으신 수녀님들의 음성이 아름답게 어울렸다.

미사 말미에 성찬에 참여해 전병을 먹으며 기도드렸다.

진정 예수의 살을 먹게 하소서.
진정 예수의 정신을 먹게 하소서.
진정 예수의 마음을 먹게 하소서.

안토니오에게 새 폰 번호를 보내주었다. 안토니오는 사진을 한 장 보내왔다. 안토니오, 스테파냐, 필리포, 루치아노, 마르첼로가 한 식탁에 앉아 카메라를 보고 있는 사진이었다. 모두 너무 보고 싶었다. 그러나 나는 가야 했다.

9월 27일 · 레온-산마르틴 델 카미노

바네사는 프랑스 친구가 올 때까지 레온에서 기다리기로
해서 엘리, 윌리, 나 셋이 출발했다. 레온은 큰 도시였기에 빠
져나오는 데 시간이 오래 걸렸다. 우리는 계속 옆에 큰 도로
를 끼고 걸어야만 했다. 조용히 대화하기 어려운 길이기도 했
지만 별로 대화하고 싶지가 않았다. 전날 밤 한국에서 전해온
소식이 나를 힘들게 만들었다. 계속 그 일만 생각하게 되었
다. 생각하고 싶지 않지만 그럼에도 계속 생각할 수밖에 없
었다. 순례의 흐름이 깨졌다. 엘리와 윌리에게 미안했다. 엘
리는 내게 무슨 일이 있냐며 가족의 안부까지 물었고, 윌리도
자꾸 내게 먼저 말을 걸었다. 그냥 혼자 걷고 싶었다. 그날은
카미노가 카미노 같지 않았다.

목적지인 산마르틴 델 카미노San Martin del Camino에 도착했다.
오후에는 혼자 마당에서 볕을 쬤다. 왼발에 생긴 물집을 치료
했다. 엄지발가락 아래 발바닥과 새끼발가락 위에 뽈록 올라
온 물집에 실을 꿴 바늘을 통과시켰다. 투명한 액체가 흘러나

왔다. 실은 물집을 통과시킨 후 앞 뒤 여분을 남기고 잘랐다. 그렇게 하고 걸으면 물집 속에 있던 것이 실을 타고 밖으로 흘러나오고 통증도 가라앉게 된다. '내 머릿속에 물집처럼 차오른 상념들도 내일 한 발 한 발 걸으며 다 빠져 나가면 좋겠다.'

일상을 순례처럼

9월 28일 · 산마르틴 델 카미노-아스토르가

간밤에 너무 추웠다. 오늘은 어제처럼 한 생각에 사로잡히지 말자고 마음먹고 추위와 날 붙들고 있던 생각까지 떨쳐버리며 일어났다.

며칠째 계속 비슷한 길을 걸었다. 차도를 따라 옆으로 난 자갈길을 걷고 또 걸었다. 그런데 그날따라 유난히 차가 많이 다녔다. 날이 샐 때까지 길은 변화가 없었다. 우리나라 산업도로 같은 도로였다. 차는 매연을 뿜으며 달렸고 그 옆에 사람 한둘이 간신히 다닐 만한 길이 있었다. '이런 길은 우리나라에도 많은데.' 순례 중반에 이르러 생각과 기도에 더욱 집중해야 하는 때에 차가 많이 다니는 길은 순례를 방해했다. 그러다가 갑자기 한 생각이 찾아왔고 그 생각을 엘리에게 말했다.

"엘리, 우리가 지금 걷는 이런 길은 순례길 같지가 않아요."

"그래요."

"카미노 초반에 있던 산길과 시골길이 좋았어요."

"그래요. 그 때 길들이 참 좋았어요."

"요 며칠 우리가 걷는 길은 우리가 각자의 나라에서 자주 걷는 길과도 비슷해요."

"그렇죠."

"그런데 이 길이 우리에게 이렇게 말하고 있는 것 같네요. '순례라는 것은 전혀 특별한 길이 아니다. 이런 평범한 길이 순례길이다.' 이 길은 우리에게 일상을 순례처럼 살아야 한다고 말하고 있는 것 같아요."

길은 어느새 도로를 벗어나 작은 마을을 지나 산으로 이어졌다. 길 위에 순례자들도 늘어났다. 앞뒤로 사람들이 많았다. 추월하거나 추월을 당할 때마다 옆에 지나는 사람과 짧게 인사를 나누고 어디서 왔는지 물었다. 주로 윌리가 물었다. 영국, 대만, 남아프리카, 미국 미시건 등이었다. 미시건에서 왔다고 하니 윌리와 엘리가 함께 반색했다. 나라는 달랐지만 국경을 맞대고 있는 지역이라 반가웠던 것 같다. 엘리와 윌리는 이름도 비슷하고 사는 지역도 토론토로 같았다. 우리 넷이 만난 지 얼마 안 됐을 때, 바네사가 내게 물었다.

"쩨, 당신은 왜 한국 사람들과 같이 안 걸어요?"

자주 우리와 동선이 겹쳤던 윤정 씨 일행을 두고 한 말이었다.

"나는 한국에서 한국 사람들만 만났고, 앞으로 한국에 돌아가도 마찬가지일 거예요. 카미노에서만큼은 그러고 싶진 않아요. 되도록.”

그 말을 듣고 엘리가 크게 웃으며 말했다. “그럼, 나는?”

모두 크게 웃었다.

그때 마침 월리는 자리에 없었다.

아스토르가Astorga에 진입하자 길가에 핀 무궁화가 우리를 맞아 주었다. 월리가 길 위에 떨어져 있던 무궁화 한 송이를 집어 귀에 꽂고는 환하게 웃어 보였다. “월리, 그 꽃은 우리나라의 국화예요”라고 하자, 월리는 미안하다는 듯이 얼른 귀에서 꽃을 뺐다. ‘그런 뜻에서 한 말은 아니었는데.’

아스토르가 시내로 들어갔다. 안토니오 가우디가 지은 주교궁도 지나는 길에 잠시 보았다. 동화에 나오는 작은 성 같았다. 늦게 식당에 도착해 주문을 해 놓고 음식이 나오기 전에 잠시 가까운 알베르게에 혼자 체크인하러 다녀왔다. 혹시 식사하는 동안 알베르게에 자리가 없어질 수도 있고, 엘리와 월리는 아스토르가에 묵지 않고 한 구간을 더 걸어가기로 했기 때문이다. 알베르게의 접수대에서 벤 가족을 만나 반갑게 인사했다. 내가 먼저 방을 배정받았다. 방에 짐을 두고 바로 식당으로 뛰어갔다. 식사를 마치고 나는 엘리, 월리와 포옹을 하고 곧 다시 만나자는 인사를 나누었다. 또 다시 만날 확률이 높지만 혹시 몰라 마지막 인사처럼 인사를 나누었다. 동행이 되어 주어서, 좋은 대화를 나누어 주어서, 어두운 길

아스토르가 주교궁

에 빛을 비추어 주어서 고맙다고 말해 주었다.

숙소로 돌아왔다. 방문을 여니 벤의 가족 3명이 침대에서 조용히 자고 있다. 깜짝 놀랐다. '벤 가족과 한 방을 쓰게 되다니.' 조용히 배낭을 복도로 가지고 나가 갈아입을 옷과 세면도구를 꺼내 샤워실로 갔다. 샤워, 빨래, 빨래 널기까지 마치고 마당에 앉아 발의 물집을 말리고 치료를 했다. 잠시 혼자 스페인 오후의 볕을 즐겼다. 이탈리아 친구들과 조용한 시골 알베르게의 마당에 앉아 꾸벅꾸벅 졸던 지복의 시간이 그리웠다.

방으로 들어오니 벤의 식구가 모두 나갔다. 시내 관광을 나간 것 같았다. 잠깐 침대에 누워 있다가 저녁 식사거리와 다음날 아침거리를 사러 슈퍼에 갔다. 넓은 평원과 그 너머로 산들이 보이는 공원 벤치에 앉아 슈퍼에서 산 음식들로 저녁을 먹고 숙소로 돌아왔다. 돌아오는 길에 뉴질랜드에서 오신 키 큰 아저씨가 반갑게 눈인사를 건네셨다. 반가움과 함께 '너는 미사 드리러 안 가니'라는 물음이 함께 담긴 눈빛이었다. 나는 저녁 미사보다는 고독을 택했다.

숙소로 돌아오니 벤의 가족들이 잘 준비를 하고 있었다. 다시 한 번 인사를 나누었다.

"벤, 나는 아까 접수대에서 만났을 때만 해도 우리가 한 방을 쓰게 될 줄은 몰랐어요."

"이런 일은 카미노에서 자주 있는 일이죠."

"마치 벤이 나를 집에 초대해서 내가 손님으로 방문한 느낌이에요."

벤의 가족은 모두 크게 웃었다.

우리는 다음날 걸을 준비를 마치고 잠자리에 들었다. 손에 습진이 생겨 피부가 다 벗겨지고 따가웠다. 매일 손빨래를 하고 하루 종일 스틱을 잡아 그렇게 된 것 같았다. 립밤을 손튼 곳에 발라 주었다.

심장을 닮은 돌

9월 29일 · 아스토르가-엘 아세보

네 사람이 거의 동시에 깼다. 그러나 내가 제일 먼저 출발했다. 다시 혼자 걷게 되었다. 왼발의 물집이 계속 통증을 일으켰다. 나는 본래 오른쪽 무릎이 고질적으로 아팠다. 어렸을 때 크게 접질린 오른쪽 발목을 제대로 치료하지 않고 방치해서 걸을 때마다 발목이 살짝 돌아간다. 많이 걸으면 발목과 무릎에 통증이 생긴다. 그래서 오래 걸을 때는 왼발에 더 힘을 주고 오른발에는 그보다 힘을 약하게 주게 된다. 평소에는 그렇게 걷는 게 문제가 되지 않았는데 하루에 이삼십 킬로미터씩 20일 넘게 걸었더니 왼쪽 발에 물집이 여러 개 생겼다. 제대로 땅을 딛기가 힘들었다. 당연히 왼발보다 오른발에 더 많은 힘을 주며 걷게 되었다. 그런데 약하기만 하던 오른발과 무릎이 어지간히 버텨주었다. 신기했다. '한 몸 인식, 네가 있어 내가 있다'를 오른발이 느꼈던 것일까.

교회 청년들에게 중간 인사를 전했다.

"별빛 아래를 걷다 보면 저도 하나의 별이 된 듯합니다.

그러다가 사람들 속에서 걷다 보면 나도 그저 사람들 중 하나구나 라는 생각이 듭니다. 그러나 저 사람들 하나하나도 또 하나의 별이겠지요. 카미노가 1/3 남았습니다. 자유로운 호흡, 깊은 호흡, 나다운 호흡을 찾기 위해 걷는 길입니다. 길 끝에서 그것을 얻을 수 있을까요. 기도 부탁합니다."

비가 내렸다. 처음에는 바람막이 옷으로 버틸 만하더니 이내 마구 쏟아졌다. 나무 밑으로 들어가 판초를 꺼내 입었다. 다들 비를 피하고 있는 중인지 그 많던 순례자들이 보이지 않았다. 쉴 곳을 찾아볼까 하다가 비를 맞으며 혼자 걸었다. 목표로 삼았던 폰세바돈Foncebadón에 예정한 시간에 도착했다. 아스트로가에서 25킬로미터 지점의 산중턱 마을. 그런데 여기서 더 가기로 결정했다. 다음 숙소까지는 11킬로미터를 더 가야 했다. 큰 산도 넘어야 했다. 이유는 두 가지였다. 산티아고 순례길의 중요 지점인 '철의 십자가'에 사람들이 거의 없을 때 도착하고 싶었기 때문이고, 또 다른 이유는 매일 30킬로미터 이상은 걸어야 일정 안에 산티아고를 거쳐 피스테라까지 갈 수 있었기 때문이다.

능선에 오르자 사람이 보이지 않았다. 그렇게 1시간 정도를 가니 정상이 나왔고 정상 위에 십자가가 보였다. 전봇대처럼 높은 나무 기둥 위에 철로 만든 십자가가 있었다. 좀 더 다가가 보니 그 아래 돌이 수북하게 쌓여 있었고 돌 하나하나에

철의 십자가

사람들의 이름과 기도제목으로 보이는 글들이 적혀 있었다. 산 아래서 주워 온 돌을 십자가 바로 밑에 내려놓았다. 큰 밤톨만하고 적갈색인 돌이었다. 심장을 닮은 돌이었다. 철의 십자가 앞에 서자 저절로 무릎을 꿇게 됐다. 나는 한참 그 자세로 기도를 드렸다. 가장 깊은 곳에 있던 기도를 꺼내 놓았다.

긴 기도가 끝날 때까지 아무도 오지 않았다. 일어나 다시 걷기 시작했다. 산길이 계속됐다. 돌길이라 발바닥이 아팠다. 그나저나 아예 산에 사람이 보이질 않았다. 큰 산에 나 혼자 있는 듯한 생각까지 들었다. 제주도에 갔을 때 비가 추적추적 내리던 날, 어두운 날씨에 오름을 혼자 오르던 느낌과 비슷했다. 좋으면서도 싫은, 싫으면서도 좋은. 모퉁이를 돌아서자 저 앞에 두 사람이 걸어가고 있는 게 보였다. 반가움에 얼른 따라잡았다. 인사를 건넸다.

"당신을 만나서 반갑습니다. 정말로 반가워요. 이 산에 나 혼자 있는 줄 알았어요."

예상치 못했던 답변이 돌아왔다.

"산티아고에선 그 누구도 혼자가 아니에요. 외롭다고 느낄 필요 없어요. 외로움이 찾아오면 즐기면 되는 거고요."

남미에서 온 30대 초반쯤 되어 보이는 그는 카미노의 정령처럼 말했다. 또 보자는 인사를 하고 앞서 가다가, 생각할수록 멋지고 좋은 말이라는 생각이 들어 뒤돌아서서 큰 소리로 물었다. "이름이 뭐죠?"

"내 이름은 서미트예요."

"서미트?" 양 손을 삼각형으로 모으며 물었다.

"어 맞아요."

"고마워요, 서미트. 당신의 충고가 힘이 됐어요."

비 내리는 산은 오후가 되자 금방 어두워졌다. 지도 앱을 보니 알베르게가 있는 마을에는 늦은 오후에나 도착할 수 있었다. 열심히 걸었다. 산 중턱쯤 내려오자 동화 속 마을 같은 작고 예쁜 엘 아세보El Acebo가 나왔다. 오래된 돌집들이 옹기종기 모여 있었다. 좀 더 내려가니 호텔만큼 좋은 시설을 갖추고 비교적 저렴한 알베르게가 나와 거기서 묵었다. 시설은 좋았지만 세탁기와 건조기는 없었다. 빨래를 했는데 다음날까지 마를 것 같지 않았다. 너무 늦게 빨래를 했고 밖에는 비가 계속 내리고 있었다. 비는 밤새 내렸고, 코골이 소리도 계속 들려왔다.

엘 아세보로 가는 길

제26일

배고프고 목마른 짐승

9월 30일 · 엘 아세보-카카벨로스

일어나서 빨래가 말랐는지부터 확인했다. 얇은 속옷만 말랐다. 절반만 마른 바지는 그냥 입고 나머지는 배낭 앞뒤에 걸었다. 사람들이 아침 식사를 하기 위해 식당에 모여 있었으나 나는 그냥 출발했다. 비는 그쳤다. 평소처럼 길을 가다가 처음 만나는 카페에서 요기를 하고 물도 한 병 살 생각이었다.

좁고 울퉁불퉁한 카미노를 따라 걸었다. 흡사 북한산길 같았다. 중간 중간 아름다운 경치가 펼쳐졌지만 풍경을 감상할 여유가 없었다. 2시간을 넘게 걸었는데도 카페가 나오지 않았고 산길도 끝나지 않았다. 목이 마르고 배가 고팠다. 좀 더 걸어 겨우 아랫마을에 도착할 수 있었다. 그런데 마을에 카페는 있었지만 닫혀 있었다. 카페가 두세 곳 더 나왔는데 한 곳도 열지 않았다. 빵집과 슈퍼도 모두 닫혀 있었다. 마을마다 있던 순례자들을 위한 샘물도 보이지 않았다.

낭패였다. 그저 얼른 다른 마을이 나올 것을 기대하며 발걸음을 재촉할 뿐이었다. 걸어가면서 내 눈은 무화과나무와 산딸기나무만 찾았다. 카미노에는 산딸기나무가 지천으로 깔려 있다. 순례자를 위해 심어 놓았나 싶을 정도다. 마을을 벗어나니 예상대로 길가에 산딸기나무가 가득했고 열매는 먹기 좋게 까맣게 익어 있었다. 전날 비가 왔으니 먼지도 적당히 씻겼으리라 생각하며 멈추어 서서 정신없이 산딸기를 따먹었다. 갈증이 조금 가셨다. 무화과가 종종 보였지만 익지 않은 열매뿐이었다. 그런데 다행히 포도를 발견했다. 우리나라 포도와 다른 종류였다. 알이 작은 포도주용 포도였다. 열매는 달고 맛있었다. 포도밭이었던 땅을 다 갈아엎고 길가 쪽에 한둘 남은 나무에 달린 포도였다. 죽은 듯 남아 다른 넝쿨 사이에서 작게 열매를 맺고 있던 것이었다. 실로 생명의 열매였다. 작은 송이 세 개를 따서 입으로 훑어 먹었다. 달디 단 즙이 목 안으로 흘러들었다.

숙소에서 나온 지 3시간 반 만에, 문을 연 카페를 발견하고 기뻐하며 들어갔다. 카페라테와 빵을 주문했다. 아주머니께서 바게트까지 접시에 담아 주셨다. 내 얼굴에서 배고픈 짐승의 얼굴을 보셨던 것 같다.

폰페라다Ponferrada라는 큰 도시로 들어갔다. 대형버스에서 관광객들이 쏟아져 내렸다. 관광 중 순례길 체험을 잠시 하는 것 같았다. 사람들은 짐도 지팡이도 없이 카미노를 걸었다. 폰페라다는 옛 성채를 보존하고 있었다. 작지만 고풍스런 멋

폰페라다 성과 자전거 순례자들

이 있었다.

잠시 슈퍼에 들러 몇 가지 음식을 사가지고 바로 나왔다. 작은 마을 몇 개를 넘어 카카벨로스Cacabelos에 도착했다. 폰페라다에 비하면 마을이 작고 조용한 편이었다. 안토니오에게 연락해 보니 이탈리아 친구들은 놀랍게도 엘 아세보에 도착했다고 했다. 나와는 30킬로미터, 하루 차이였다. '땅끝, 피스테라를 포기하고 천천히 가다가 합류할까?'라는 생각을 잠시 해보았다.

제27일

경치보다 사람

10월 1일 · 카카벨로스-트라바델로까지

　전날 아침 같은 낭패를 보지 않기 위해 숙소의 카페가 열리기를 기다렸다. 남미에서 온 것 같아 보이는 여성이 복도에 얇은 이불을 깔고 요가를 했다. 카페 문이 열렸다. 커피를 마시고 천천히 출발했다. 이탈리아 친구들이 빨리 따라와 주길 바라며 걸었다.

　카카벨로스를 벗어났다. 긴 오르막이 앞에 놓여 있었다. 언덕을 오르자 갈림길이 나왔다. 지도앱을 보니 왼쪽 큰 길은 지름길이고 오른쪽 작은 길은 돌아가는 길이었다. 표지판에는 이렇게 쓰여 있었다. "왼쪽은 짧음, 오른쪽은 길지만 예쁨." 길지만 예쁜 길을 선택했다. 이탈리아 친구들을 다시 만나고 싶은 마음이 컸기에 빨리 갈 필요가 없었다. 오른쪽 길에 들어서자 길 양쪽으로 포도밭이 펼쳐졌다. 수확을 마쳤는지 포도송이는 보이지 않았다. 혹시나 하고 잎사귀 사이를 살피니 농부의 손을 피한 작은 송이가 한둘 보였다. 두 송이를 따 먹었다.

길을 가다가 뒤를 돌아보니 내가 넘어온 산이 저 멀리 보였다. 산 능선과 우람한 봉우리들이 장관이었다. '이래서 예쁜 길이라 했구나.' 길을 따라 더 들어가니 작은 마을이 나왔다. 마을을 거쳐 돌아나가는 길을 따라 걸었다. 오르막에 이르자 아름다운 풍경이 펼쳐졌다. 두 개의 언덕에 줄 맞춰 심은 포도나무가 가득했고 한 언덕 위에는 작고 하얀 집이 자리하고 있었다. 그리고 먼 뒤로 산들이 배경을 이루고 있었다. 조금 더 걸어가니 풍경은 더욱 그림 같아 보였다. 사진을 연신 찍고 있을 때, 알베르게에서 요가를 하던 이도 옆에 와 감탄하며 사진을 찍었다.

"정말 아름다워요. 갈수록 더 아름다운 풍경이 나와서 계속 사진을 찍을 수밖에 없네요."

"그래요. 정말 아름답네요."

발투일레 마을을 나와서는 그 친구와 같이 걸었다. 이름은 이자우라, 남미가 아니라 캘리포니아에서 왔다. 무릎이 안 좋아 천천히 걷고 있다고 했다. 생장에서 8월 20일부터 걸었다고 하니 나보다는 18일 정도 더 카미노를 걷고 있는 것이었다. 얼마 걷지 않아 성이 있는 제법 크고 고풍스러운 마을, 비야프랑카 델 비에르소Villafranca del Bierzo에 들어섰다. 이자우라는 동네에서 만난 스페인 할아버지와 대화를 나누었다. 이자우라는 스페인어를 꽤 잘했다. 이자우라는 커피를 마셔야겠다며 카페에 들어갔다. 그날 목적지가 같아 나도 따라 들어갔다. 할아버지는 본래 작년이 축복의 해였는데 코로나가 계속되어 축복의 해가 올해까지 연장되었다고 했고, 카미노 순례자들을 위해 비야프랑카에 있는 산티아고 성당의 '용서의 문'이 올해도 열린다고 말씀해 주셨다고 했다. 나는 '축복의 해'에 대해 내가 알고 있는 것을 이자우라에게 말해 주었다. 산티아고의 축일인 7월 25일이 주일인 해가 축복의 해인데 중세 때는 축복의 해에 카미노를 걸은 사람들의 모든 죄를 용서해 주었고 다른 일반 해에는 죄의 삼분의 일을 사해 주었다. 스페인 할아버지가 알려주신 정보는 깜짝 선물 같았다. 이자우라는 우리가 도착하려는 마을에 슈퍼와 약국이 없어 이 마을에 들렀다가 가겠다고 했다. 우리는 저녁 때 보자며 헤어졌다.

트라바델로Trabadelo가 가까워졌는데 오후 1시밖에 안 됐다. 더 갈까 하다가 멈추기로 결정했다. '내가 카미노를 걷는 이유는 좋은 경치를 보기 위함이 아니라 삶에서 중요한 가치를 붙잡기 위함이 아니었나. 피스테라의 경치보다는 사람이다. 안토니오를 기다리자.' 그렇게 마음먹었다. 안토니오는 언제 콤포스텔라에 도착 예정이냐는 내 질문에 하루 동안 답이 없었다.

"안토니오, 나는 피스테라를 포기했어요. 내가 피스테라에 가면 당신을 다시 만나기 어려울 거예요. 나에게는 피스테

발투일레 데 아리바 포도원

라보다 당신이 소중합니다. 당신을 기다리며 천천히 걸을 계획입니다. 다시 만나기를 바랍니다. 나는 일정상 늦어도 10월 10일까지는 콤포스텔라에 도착해야 합니다."

답이 왔다.

"내 계산에 따르면 10월 11일에 콤포스텔라에 도착할 것 같습니다. 내 다리는 더 속도를 낼 수 없어요. 당신을 다시 만날 수 있기를 바랍니다. 오늘은 폰페라다에서 머뭅니다."

폰페라다에 있다면 나와 37킬로미터 차이였다. 너무 멀었다. 다시 메시지를 보냈다.

"내일과 모레 도착 예정지가 어디인지 알 수 있을까요?"

바로 답이 왔다.

"내일은 비야프랑카, 모레는 오세브레이로O Cebreiro."

내 생각보다 많이 늦는 일정이었다. 그러나 나는 안토니오를 만나기로 이미 마음을 먹었다. 이틀 후에 오세브레이로에서 만나기로 약속했다. 오세브레이로는 내가 있던 곳에서 20킬로미터 떨어진 곳이었다. 하루에 10킬로미터씩 이틀을 가면 되었다. 너무 짧은 거리였다. 그러나 안토니오는 이틀 만에 57킬로미터를 걸어야 했다. 무릎이 안 좋은 안토니오가 걸을 수 있을까 걱정이 됐지만, 파르티잔 같은 안토니오를 믿기로 했다.

결정을 하고 나니 맘이 한결 가벼웠다. 오랜만에 휴식을 즐겼다. 볕이 좋아 빨래도 잘 말랐다. 찬물에 발을 담그면 물집이 생긴 발의 통증을 줄일 수 있다는 수녀님의 말이 떠올라 알베르게 앞에 있던 냇가로 갔다. 발을 담갔다. 무척 차가웠으나 발을 빼지 않았다. 그렇게 한 시간 정도 지나서 물 밖으로 나와 걸어보니 통증이 확실하게 줄었다. '고마운 수녀님. 그 작은 체구로 카미노는 잘 걷고 계신지.'

방을 같이 쓰게 된 이들은 프랑스 노부부였다. 두 분 다 체구가 작고 상냥했다. 영어를 못하셔서 대화는 나누지 못했다. 냇가에 있다가 방에 들어가니 두 분이 한 침대에 나란히 누워서 이야기를 나누고 계셨다. 자꾸 '킬로메트레'라는 말이 나오는 것으로 보아 다음날 어디까지 갈지 의논하고 계신 듯 보였다. 두 분은 참 귀여웠다.

저녁 식사 시간이 되었다. 프랑스 부부와 같은 테이블에 앉았다. 번역기를 통해 인사를 나누었다.

"저는 한국에서 온 쩨라고 합니다. 카미노에서 여러 프랑스인을 만나는데 모두 친절하고 좋은 분들이었으며 그분들과 나눈 대화도 좋았습니다."

두 분은 환한 미소로 답을 대신하셨다. 할머니는 스마트폰을 켜시더니 이름을 알려주셨다.

"나는 마리, 남편은 장. 77세와 80세."

깜짝 놀랐다. 두 분 다 70초반인 줄 알았다. 카미노에서

만난 최고령 순례자였다. 며느리가 중국인이며 손자도 있다
고 하셨다. 차분하고 상냥하며 부끄러운 듯 말씀하시는 게 소
녀 같으셨다. 저녁에 자다가 여러 번 깼다. 마리, 체구는 작았
지만 코 고는 소리는 정말 컸다.

10월 2일 · 트라바델로-루이텔란

일어나서 잠시 고민했다. 9킬로미터를 걸을 것인가, 10 킬로미터를 걸을 것인가. 카미노를 걸으며 그런 고민을 하게 될 줄은 몰랐다. 10킬로미터 지점에 있는 루이텔란^{Ruitelán}까지 걷기로 했다.

루이텔란에 금방 도착했다. 알베르게 오픈 시간이 되지 않아 밖에서 기다렸다. 알베르게 앞에는 아주 오래되고 작은 성당이 있었다. 성당의 낮은 담장에 앉아 잠시 쉬었다. 성당 바깥 철문은 닫혀 있었는데 열쇠는 꽂혀 있었다. 한 순례자가 조심히 열쇠를 살피더니 열쇠를 돌려 문을 열고 안으로 들어 갔다. 한 10여 분 지났을까, 그분은 휴지로 눈가를 닦으며 나 오셨다. 나도 열쇠로 문을 열고 안으로 들어갔다. 20평 쯤 되 는 예배당이었다. 제단에는 죽은 예수님을 무릎 위에 올려놓 고 있는 마리아상, 즉 피에타가 있었다. 누가 켜놓았는지 조 명이 피에타를 비추고 있었고 제대 오른쪽에는 촛불 여러 개 가 타고 있었다. 창을 통해 들어온 빛줄기가 예배당 안의 먼지들을 비추었다. 그러나 밖에서 들려오는 예초기 돌리는 굉음에 기도하기는 어려웠다. '내 영혼이 내 영혼이'를 큰 소리로 여러 번 반복해 불렀다. 이어 기도를 드렸다. 하나의 기도 위에 또 하나의 기도를 그 위에 또 하나의 기도를 더하였다. 그렇게 홀로 예배를 드렸다.

12시가 되어 알베르게에 가 보니 앱 안내와 다르게 1시 오픈이었다. 다시 성당 담장에 가서 앉았다. 카미노 친구들이 연이어 지나갔다. 브라질에서 온 자매는 내 발에 난 물집을 염려해 주고 허그까지 해 주고 갔다. 벤도 만났다. 벤도 내 물집과 무릎 걱정을 해 주고 갔다.

갑자기 필리포가 나타났다. 깜짝 놀랐다. 어떻게 된 거냐 물으니 다른 이들이 너무 느려서 따로 떨어져 나와 걷고 있다고 했다. 필리포의 그날 목적지는 오세브레이로였다. 나는 안토니오와 주고받은 대화창을 보여주었다. 나도 내일 안토니오와 오세브레이로에서 만날 것이고 그 다음날부터 혼자 빨리 걸을 거라고 했다. 필리포와 나는 콤포스텔라 도착 희망일이 같았다. 우리는 콤포스텔라에서 다시 만나기로 했다. 윤정 씨 일행도 지나갔다. 모두 반갑게 인사를 나누었다. 나에게 같이 가자고 하셨지만 이탈리아 친구들을 기다릴 수밖에 없는 상황을 말씀드렸다.

드디어 알베르게가 열었다. 그곳 봉사자는 순례자 여권

에 스탬프를 찍어주면서 전날 트라바델로에서 잤냐고 물었다. 숙소 간 거리가 너무 짧았던 것이다. 알베르게의 봉사자이자 요리사인 카를로스는 오후에 여러 번 내 방에 들어와 안부를 물으며 무릎을 걱정해 주었다. 저녁 식사 시간이 되었다. 호박 수프가 나왔다. 뜨끈하고 부드러운 위로의 맛이었다. 여러 음식을 차려낸 카를로스는 "맛있게 드세요"라는 말을 스페인어, 영어, 독일어, 프랑스어, 이탈리아어로 해 주었다. 사람들은 저마다 자국어로 "잘 먹겠습니다"라고 말했다. 한국어로는 뭐냐고 묻기에 알려 주니 모든 사람이 "잘 먹겠습니다"를 따라했다. 수프, 샐러드, 미트 스파게티, 디저트까지 풀코스 식사였고 맛있었다.

카를로스는 배우 앤서니 퀸을 닮았다. 작은 알베르게, 가득 차야 16명 정도 묵을 수 있는 알베르게에서 십 년 넘게 요리를 하고 있었다. 시골 촌부의 얼굴이었다. '꾸밈없고 맑고 밝고 건강하다.' 그의 첫인상이었다. 하나님의 일을 하는 사람의 얼굴이었다. 여러 알베르게를 거치며 방명록에 글을 남긴 적이 없었는데 그곳의 방명록에는 글을 남기지 않을 수 없었다.

"매일 새로운 사람들에게 정성껏 식사를 준비해 대접하는 당신의 마음을 상상해 봅니다. 카를로스, 당신은 요리하는 순례자입니다."

안토니오! 스테파냐! 마르첼로!

10월 3일 · 루이텔란-오세브레이로

이른 아침에 조식까지 준비해 준 카를로스는 한 사람 한 사람과 깊은 포옹을 해주었다. 인사 후 사람들은 알베르게를 떠났다. 스페인 친구 아프라와 내가 제일 늦게 떠났다. 아프라는 대학 졸업 후 유통업계에서 일하다가 코로나 시국에 회사가 폐업을 하게 되어 쉬고 있다고 했다.

아프라는 내게 어떻게 산티아고 길을 걷게 되었냐고 물었다.

"나는 현재 일하고 있는 곳에서 20년 동안 근속했습니다. 축하의 의미로 40일 휴가를 받아서 오게 되었어요. 산티아고 순례는 저의 버킷리스트 중 하나였어요."

"20년을 일했는데 40일 휴가를 받았다고요? 좀 짧네요. 그럼 연중 휴가는 며칠인데요?"

"1년에 5일 휴가입니다." "뭐라고요? 5일이요? 그럼 일주일에 며칠을 쉽니까?"

"하루 쉽니다."

아프라는 눈을 크게 뜨며 나를 쳐다보았다.

"무슨 일을 하는지 물어봐도 돼요?"

"교회에서 일하는 목사예요."

아프라는 그날 나보다 한 구간을 더 가야 했기에 먼저 갔다. 나는 안토니오를 생각해 조금 천천히 걸었다. 안토니오와 스테파냐를 만난다는 것이 기쁘면서도 그들과 함께하는 마지막 날이라는 것이 못내 아쉬웠다. '정말 다시 못 보는 건가? 이렇게 가깝게 지냈는데.'

정상에 오르니 반가운 얼굴들이 보였다. 브라질에서 온 자매가 사진을 찍다가 나를 발견하고는 반갑게 맞아 주었다. 멋진 산을 배경으로 두 사람의 사진을 찍어 주었고 셋이 함께 찍기도 했다. 그들은 진지한 눈빛으로 말했다.

"그라뇽의 알베르게에서 당신이 설거지하는 모습을 계속 보았습니다. 당신이 봉사하던 모습은 우리 마음속 깊이 남아 있어요."

"요리하는 이탈리아 친구들을 도와 설거지만 한 걸요."

"아니에요. 당신의 태도는 무척 인상적이었어요."

콤포스텔라에서 다시 만나자는 인사를 나누고 우리는 헤어졌다.

공용 알베르게로 갔다. 문은 닫혀 있고 1시에 오픈이라는 메모가 붙어 있었다. 네다섯 명이 짐을 내려놓고 앉아서 쉬고 있었다. 나는 짐을 내려놓은 후 성당에 들렀다. 산 정상부에 자리 잡은 돌로 지은 예배당은 그리 크지 않았지만 아주 다부지게 보였다. 한참 예배당 이곳저곳을 둘러보다가 한쪽 벽에 걸려 있던 순례자의 기도문을 보았다. 구절구절 가슴을 울렸다.

예배당을 나와 알베르게에 다시 가보니 대기자가 늘어 있었다. 안토니오 일행이 도착할 시간에 맞추어 알베르게의 진입로 앞으로 갔다. 드디어 저 아래 골목 사이에서 안토니오가 나타났다. 그 뒤로 스테파냐, 마르첼로가 나타났다. 난 그들의 이름을 큰 소리로 불렀다.

"안토니오!"

"스테파냐!"

"마르첼로!"

안토니오가 환하게 웃으며 팔을 벌리고 다가왔다. 안토니오와 포옹하고 스테파냐와 마르첼로와도 포옹했다.

체크인을 마치고 식사하러 갔다. 순례자 코스 식사 4인분을 주문했고 배불리 잘 먹었다. 평소 늘 음식을 남기던 스테파냐도 그릇을 싹 비웠다. 물론 내가 샀다. 그 식당에 더 좋은 메뉴가 있었다면 그 음식을 대접했을 것이다. 식사 후 우리는 동산 위로 올라갔다. 사방이 훤하게 보였다. 우리는 스페인 오후의 볕을 즐기며 대화를 나누고 동영상도 찍었다. 안토니오는 내게 소감을 한국어로 말해 달라고 했다. "나는 한국에

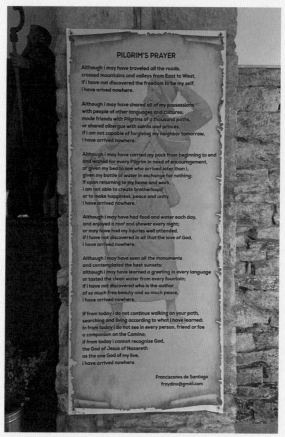

PILGRIM'S PRAYER

Although i may have traveled all the roads,
crossed mountains and valleys from East to West,
if i have not discovered the freedom to be my self,
i have arrived nowhere.

Although i may have shared all of my possessions
with people of other languages and cultures;
made friends with Pilgrims of a thousand paths,
or shared albergue with saints and princes,
if i am not capable of forgiving my neighbor tomorrow,
i have arrived nowhere.

Although i may have carried my pack from beginning to end
and waited for every Pilgrim in need of encouragement,
or given my bed to one who arrived later than i,
given my bottle of water in exchange for nothing;
If upon returning to my home and work,
i am not able to create brotherhood
or to make happiness, peace and unity,
i have arrived nowhere.

Although i may have had food and water each day,
and enjoyed a roof and shower every night;
or may have had my injuries well attended,
if i have not discovered in all that the love of God,
i have arrived nowhere.

Although i may have seen all the monuments
and contemplated the best sunsets;
although i may have learned a greeting in every language
or tasted the clean water from every fountain;
If i have not discovered who is the author
of so much free beauty and so much peace,
i have arrived nowhere.

If from today i do not continue walking on your path,
searching and living according to what i have learned;
in from today i do not see in every person, friend or foe
a companion on the Camino;
if from today i cannot recognize God,
the God of Jesus of Nazareth
as the one God of my live,
i have arrived nowhere.

Franciscanos de Santiago
fraydino@gmail.com

순례자의 기도

다시 만난 안토니오 (뒤에 스테파냐와 마르첼로가 있다)

서 온 김재홍이라고 합니다. 나이는 50세고 이번 산티아고 순례가 제 인생에서 처음으로 혼자 하는 해외여행이기도 합니다. 교회로부터 40일 휴가를 받아 무엇을 할까 고민하다가 오랜 버킷리스트 중 하나였던 산티아고를 오게 되었습니다. 밤하늘의 수많은 별과 파란 하늘과 광활한 대지와 순례길, 그리고 그 위에서 만난 사람들 모두가 좋습니다. 특히 지금 여기 있는 이 사람들이 참 좋습니다. 잊지 못할 겁니다. 모두에게 참 감사합니다."

우리는 문에 '안토니오의 집'이라 새겨져 있는 식당 앞에 다시 앉아 오후의 햇살과 대화를 더 즐겼다. 스페인 사람들이 즐겨 먹는다는 문어요리 뽈뽀도 시켜 먹었다. 스테파냐가 루치아노 선생님과 전화를 연결했다. 스피커폰이었다. "루치아노 선생님, 저 쩨예요." 반갑게 인사를 했다. 루치아노 선생님은 내가 안토니오 일행을 이틀간 기다린 이야기를 전해 듣고는 "쩨는 정말 특별한 사람이다"라고 해주셨다. 몇 명의 이탈리아 사람들이 더 합류했다. 그 중에는 여러 번 길에서 만났던 스무 살 마구엘도 있었다. 마구엘은 안토니오와 스테파냐와 마르첼로와도 카미노에서 여러 번 만났다고 했다. 마구엘은 "이 사람들이 말한 한국 사람이 당신이었냐"며 웃었다. 발바닥 물집은 많이 나았다고 했다.

숙소로 들어가 잘 준비를 마치고 다시 숙소 로비에 앉아 안토니오와 이야기를 나누었다. 산티아고에서 함께 보내는 마지막 시간이라고 생각하니 아쉬움을 이루 말할 수 없었다. 나는 조심스레 철의 십자가에서 용서하고 싶은 사람을 위해서도 기도했느냐고 물어보았다. 안토니오는 답하기를 주저하였다. 나는 더 이상 자세히 묻지 않았다.

안토니오는 말했다.

"당신을 만나 참 좋았습니다. 당신의 영혼에 대해 더 많은 걸 알고 싶어요. 당신은 특별한 사람입니다."

"그렇지 않아요. 당신의 영혼과 저의 영혼은 다르지 않습니다. 모두 한 곳에서 나왔으니."

"여기서 함께 나눈 것들을 잊으면 안 돼요. 나를 잊지 말아줘요."

"잊는 게 불가능할 거예요."

우리는 아쉬움을 뒤로 하고 잠자리에 들었다.

나의 땅끝

제30일

그분께 가까이

10월 4일 · 오세브레이로에서 사모스

어둠 속에서 안토니오와 일행이 자고 있는 것을 확인하고 잠시 그들을 위해 기도를 드리고는 짐을 챙겨 로비로 나왔다. 짐을 정리하고 있는데 안토니오가 나왔다. 그는 내가 출발할 때까지 옆에서 기다려 주었다. 우리는 마지막 인사를 나누었다. 안토니오는 이탈리아어로, 나도 처음으로 한국어로 인사했다. "안토니오, 행복해야 해. 행복하게 살아야 해." 나의 목소리는 젖어 있었다. 우리는 서로를 꼭 안아주었다. 한참 동안. 아쉬움을 뒤로 하고 다시 카미노에 올라섰다.

캄캄한 길, 가로등도 없는 길을 별빛에 의지해 걸었다. 달빛 없이 별빛만으로도 어느 정도 길이 보였다. 어둠 속에서 저 멀리 불을 켠 농가들이 밤바다에 집어등을 켠 고깃배들처럼 보였다. 별빛이 약해지며 오히려 길이 조금씩 더 잘 보였다. 언덕 너머에서 태양이 떠오르고 있었다. 날이 완전히 밝자 전날 오세브레이로의 언덕에서 본 멋진 산들이 다시 모습을 드러냈다.

길에는 참나무가 굉장히 많았다. 둘레가 아주 큰 나무도 있었다. 성인 다섯 명이 팔을 이어도 잡기 어려워 보였다. 참나무가 많이 심긴 길 위에는 도토리가 그득했다. 도토리를 밟지 않고는 걷는 게 불가능했다. '스페인 사람들은 도토리를 먹지 않나? 한국 같았으면 일주일 안에 싹 정리가 될 텐데.' 중간 중간 아람이 벌어져 떨어진 밤도 많았다. 그중 두 개를 집어 까서 먹었다. 맛은 우리 밤과 같았다.

거리표지석에는 '129.07'라고 쓰여 있었다. 오랜만에 교회 어른들에게 중간 인사를 드렸다.

"여러분 그간 안녕하셨습니까. 저는 이제 순례 종반부에 이르렀습니다. 이제 산티아고까지 130킬로미터 남았습니다. 아마 이번 주일에 산티아고에 도착해서 주일 미사에 참석할 듯합니다. 산티아고가 가까워질수록 하나님께 가까이 다가가는 느낌이 듭니다. 발에 생긴 물집 때문에 등산화를 신지 못하고 샌들을 신고 있지만 그래도 제법 잘 걷는 편입니다. 기도에 감사드리며 산티아고에 도착하면 또 다시 소식 전하겠습니다."

거리표지석의 숫자가 줄어들수록, 산티아고에 가까워질수록 하나님께 가까이 다가가는 느낌이었고, 그것은 마치 생을 마칠 때의 느낌과 상당히 비슷할 거라는 생각이 들었다. '무슨 마음으로 그분께 나아가야 할까.'

남은 거리 129km

사모스Samos의 알베르게는 수도원 부속이고 기부금으로 운영했다. 문이 열려 있었다. 문 밖에서도 도미토리의 이층 침대들이 보였다. 시설은 오래되어 보이고 많이 낙후되어 있었다. 그래도 좋았다. 그 나름의 운치가 있었다.

늦은 점심을 먹으러 알베르게 앞에 있는 식당에 갔는데 스페인 친구 아프라가 있었다. 아프라는 반갑게 인사하더니 같이 앉아 식사하자고 했다.

"여기서 다시 만날 줄은 몰랐어요."

"카미노에서는 자주 있는 일이지요."

"그래요."

아프라 앞에는 거의 2인분의 음식이 놓여 있었다.

"산티아고가 음식을 많이 먹게 만들어요. 먹어도 먹어도 배가 고파요."

"그래요. 우리는 칼로리가 많이 필요하지요."

결혼 이야기가 나왔다.

"나는 결혼했고 20대의 딸 둘이 있어요. 둘 다 대학생인데 큰애는 연극을 전공하고 작은애는 미술을 전공하고 있어요. 아프라는 결혼했어요?"

"남자친구가 있어요. 사귄 지 1년 되었고 아직 결혼은 안 했어요."

"남자친구에게 카미노를 걷는다고 했을 때 반응은 어땠

어요?"

"좋은 일이라고, 잘 다녀오라고 했는데 자주 전화해서 언제 끝나냐, 보고 싶다고 말해 줘요."

"좋은 남자친구네요."

"그런데 이 수도원 건물 진짜 멋지지 않아요? 한번 둘러보세요."

"그러죠."

수도원 건물은 굉장히 컸다. 시골 마을인데 수도원은 큰 도시에 있는 수도원처럼 컸다. 수도원을 밖에서 한 바퀴 돌아보고 냇가로 갔다. 바닥이 훤히 보이는 시냇물 속에는 제법 큰 송어들이 헤엄치고 있었다. 평온한 저녁이었다. 수도원 저녁 미사에 참석했다. 전면에 하얀 천사들이 둥근 원형틀에 담긴 예수 상을 붙들고 있는 게 인상적이었다. 어느 성당을 가나 신부들의 집례는 동일했다. 성찬식이 중심이었다. 웅장한 건축, 정교한 조각과 파이프 오르간 연주를 배경으로 이루어지는 전례의 힘은 컸다. 그랬기에 오늘날까지 이어져 온 것이리라. '그러나 언제까지 이렇게 지속될 수 있을까?' 예배실에 회중은 손으로 꼽을 정도였다.

카미노는 길이 아니라 사람

10월 5일 · 사모스에서 페레이로스

고만고만한 산속 마을과 성당들을 지나 큰 도시 사리아 Sarria를 지나게 되었다. 사리아는 큰 도시였지만 아침 10시가 되어도 문을 열지 않은 상가와 시설들이 많았다. 심지어 순례자 센터도 열지 않았다. 스페인 사람들의 일과에 적응하기 힘들었다. 오전 10시 넘어 문을 열고 2시까지 일하고 2시부터 4시 혹은 4시 반까지 시에스타 시간이다. 그런데 스페인 사람과 한국 사람 중 누가 더 나은 삶을 살고 있는 것일까?

거리표지석의 숫자가 빠른 속도로 줄어들었다. 이전에는 숫자가 줄어들면 좋았는데 언제부터인가 그렇지 않았다. 도착을 바라면서도 도착이 늦추어지길 바랐다. 나와 동갑인 어떤 순례자는 700킬로미터 지점을 지나면서 "그래, 특별한 답은 본래부터 없었던 거야. 모든 것은 내 안에 있었어. 카미노를 거의 다 걸어서 도착지를 바로 앞에 두니 알겠어"라고 했지만, 그의 답이 나의 답이 되지는 않았다. 단지 그분께 다가가고 있다는 생각이 점점 강하게 들뿐이었다. 마치 자기에게 다가올 죽음의 날을 미리 알고 있는 자가 그걸 알면서도 거부하지 못하고 그날에 다가가고, 끝내 그걸 수용하고 마는 것 같은 느낌이 들었다. 자유로운 호흡, 깊은 호흡, 나다운 호흡을 원해 걷기 시작했던 길이었다. 그 호흡은 나만을 위한 호흡이 아닐 것이다. 내가 자유롭게, 깊게, 참 사람답게 호흡할 수 있게 된다면 그 호흡은 나를 통해 곁에 있는 이들에게도 전해질 것이다. 그런데 내가 그런 호흡을 하기 위해서는 참 자유로운 숨의 주인 되시는 하나님의 숨을 내 숨으로 얻어야만 가능할 것이다. 하나님께서 내게 당신의 숨을 주실까?

길가에 사과가 잔뜩 떨어져 있었다. 상태 좋은 것 두 개를 골라 먹었다. 좋은 계절에 스페인에 왔다. 산딸기, 무화과, 포도, 밤, 사과를 길에서 얻어먹다니. 가난하고 배고픈 순례자들을 배려한 스페인 정부와 스페인 사람들의 넉넉한 마음씨가 고마웠다. 밤과 도토리를 보며 아버지 생각이 났다. 길에 지천으로 깔려, 사람들과 차에 밟히는 도토리와 밤을 아버지가 보셨다면 이렇게 말씀하셨을 거다. "굶어 보질 않아 이러지. 6.25를 겪어 봤어야 귀한지 알지." 나는 한 번도 아버지와 단 둘이 여행을 한 적이 없었다. 왜 그렇게 살았던 것일까. 아버지와 나는. 바로 그때 내 앞에 한 부자지간 여행자들이 보였다. 한국인이었다. 아들은 내 또래처럼 보였고 아버지는 나의 아버지 연배처럼 보였다. 아버지는 지팡이를 짚으셨고 아들은 지팡이를 짚지 않은 다른 쪽을 부축하며 걷고 있었다. 아들이 내게 물었다.

"한국 분이세요?"

"네."

"생장에서부터 걸어오셨어요?"

"네."

그의 아버지가 아들에게 물으셨다.

"어디서부터 걸어왔다고?"

"카미노 시작점에서부터 700킬로미터를 걸어왔대요."

"700킬로미터를? 그런데도 저렇게 잘 걷는다고?"

인사를 드리고 얼른 빠르게 앞서나갔다. 맘속에서 어떤 음성이 내게 말했다. '너도 아버지와 저렇게 할 수 있었는데 네가 안 한 거야.'

조용한 시골길을 걷고 있는데 어디선가 시끌벅적한 소리가 들려왔다. 마을의 한 식당에 한국인들이 가득했다. 혹시 내가 아는 분들이 있나 얼핏 보았더니 모두 처음 보는 분들이었고 배낭이 없는 것으로 보아 스페인 단체 관광을 왔다가 산티아고 순례길 체험을 하시는 것 같아 보였다. 아까 만났던 부자도 그 일행인가 보다. 식당에서 그들이 나누는 대화 소리는 밖에서도 잘 들렸다. "아휴, 나는 속이 안 좋아서 안 먹는 게 아니야. 입맛이 없어졌어." "아니 주문을 언제 했는데 이제야 나와."

나는 걸음을 더 빨리했다.

목적지인 페레이로스Ferreiros에 도착했다. 알베르게는 작
고 깔끔하고 예뻤다. 내가 처음으로 도착한 순례자였다. 나중
에 청년이 한 명 더 왔다. 인사를 나누었다. 그는 스페인 사람
이었다. 마을 산책을 하다가 야외 식당에서 식사를 하던 그를
다시 만났다. 이름은 노리야, 바르셀로나가 집이었다. 노리야
는 북쪽길을 걸었다고 했다. 이룬Irun에서 산티아고까지 걸었
고, 피스테라까지 갔다가 다시 산티아고까지 가서, 다시 거꾸
로 산티아고에서부터 집이 있는 바르셀로나까지 걸어가는 중
이라고 했다. 크리스마스 전에 도착하는 게 목표이고, 총 5개
월 동안 1,800킬로미터를 걷는 셈이었다. 노리야의 이야기를
들으며 나는 "대단하다"는 말을 연발했다. 노리야는 대학을
졸업한 후 뭘 해야 할지 모르겠고 시간은 많고 해서 걷기 시
작했다고 했다. 걷고, 먹고, 자고, 다시 걷는 단순한 생활이 자
기에게 새로운 생각과 결단을 할 수 있는 힘을 주길 바란다고
했다. 나는 노리야에게 "단순함에는 힘이 있습니다. 그리고
이 대자연이 힘을 줄 겁니다. 나도 그 힘을 이미 받고 있습니
다"라고 말해 주었다.

우리는 순례자 대 순례자로 많은 이야기를 나누었다.

"나는 이 산티아고 순례길을 단순히 길이라고 생각하지
않아요. 700킬로미터를 걸어보니 카미노는 길이 아니라 사람

이었어요. 카미노에서 만난 사람들을 통해 정말 많은 걸 배우고 느꼈어요. 그들이 들려준 독특하고 진실한 이야기들은 감동적이었고 큰 배움이 됐어요."

"맞아요. 카미노는 길이 아니라 사람이에요. 저도 많은 사람들을 만났고 그들에게서 많은 것을 배웠어요. 그들도 당신에게서 많은 걸 배웠을 거예요. 가르치는 것과 배우는 것이 동시에 일어나기도 하니까요."

당차고 생각도 깊은 노리야. 그는 잘 살아갈 것이다.

저녁 9시쯤 스페인 남자 청년 한 사람이 더 왔다. 우리 셋은 휴게실에서 한참 이야기를 나누었다. 그는 생장이 아니라 아스토르가에서 출발했다고 했다. 마침 휴게실 벽에 스페인 지도가 걸려 있어서 노리야에게 그가 걷고 있는 거대한 동선을 알려달라고 했다. 그는 북쪽길의 시작점인 이룬에서부터 산티아고까지를 손가락으로 짚어주었다. 그는 자신이 만난 풍경과 사람들, 해변의 휴양객들과 해상 액티비티 경험담, 친구 때문에 피스테라에서 무시아를 두 번이나 왕복한 이야기를 들려주었다.

"이제 프랑스 루트를 따라 바르셀로나까지 돌아갈 거예요. 겨울이 가까워질수록 열지 않는 알베르게가 많아질 거에요. 여름옷만 가지고 여행을 시작해서 겨울옷이 없어요. 하지만 걱정은 없어요. 지금 입고 있는 이 긴팔 옷도 얼마 전에 묵었던 알베르게에서 얻었어요. 다른 순례자가 두고 간 것이지요. 중간에 어려움이 많았지만 다 해결해 왔듯이 앞으로도 잘 갈 수 있겠죠." 노리야는 밝은 표정으로 말했다.

무슨 소원을 빌게 될까

10월 6일 · 페레이로스에서 팔라스 데 레이

새벽에 일어나 가만히 창밖으로 귀를 기울였다. 일기예보에는 비가 온다고 했지만 다행히 아무 소리도 안 났다. 발의 물집이 굳어 나흘 만에 다시 등산화를 신고 걸었다. 하지만 왼쪽 새끼발가락의 찢어진 부위는 아물지 않아 따가웠다. 그래도 걸을 만했다. 3일만 잘 버텨 주길 바랐다. 길은 전날보다 한결 수월했다. 오르막은 나오지 않았다. 넓은 평지가 나오더니 그 아래로 강이 보이고 다리 너머로 큰 마을이 보였다. 포르토마린Portomarín이었다. 다리는 아주 높게 설치되어 있었다. 다리를 건너다가 강 아래를 보니 로마 시대에 만든 것으로 보이는 축대 몇 개가 남아 있었다. '옛 순례자들은 아마 저 축대 위에 놓인 다리 위로 강을 건넜을 것이다.'

포르토마린의 교회를 둘러보고 다시 걷기 시작하는데 여러 대의 관광버스에서 관광객들이 줄줄이 내렸다. 길이 비교적 평이해 산티아고 체험 관광객들이 많아진 것 같았다. 휴일 등산객으로 북적이는 북한산처럼 사람이 많았다. 그리고 갈

포르토마린의 다리

리시아 지방에 들어오면서 길에서 소똥 냄새가 자주 났다. 갈리시아에는 축산 농가가 많았던 것이다. 좁은 마을길에서 목초지로 출근하는 소떼를 여러 번 만났다. 많은 관광객과 진한 소똥 냄새는 그리 반가운 길동무는 아니었다. 긴 여정을 정리해야 하는 중요한 시간, 더욱 마음을 고요히 하고 정신을 집중해야 하는 시간에 방해 요소가 많아졌다. 하지만 늘어나는 순례자와 냄새는 내가 바꿀 수 있는 것이 아니었다. 순간 내 옆으로 자전거 순례자들이 빠른 속도로 지나갔다. '저 속도면 저들은 오늘 산티아고에 도착할 것이다. 오늘이 저들의 순례 마지막 날인 것이다. 무슨 기분으로 페달을 밟을까? 난 마지막 날 무슨 기분으로 걷게 될까?'

이런저런 마음을 나눌 친구라도 있으면 좋을 텐데 길 위에 아는 얼굴은 없었다. 내가 너무 뒤처졌던 것이다. '윤정 씨 일행이라도 만나면 좋을 텐데.' 제대로 된 끼니를 먹지 못하고 간식과 물만 먹으며 예상한 시간에 팔라스 데 레이Palas de Rei의 알베르게에 도착했다. 그런데 거기서 윤정 씨 일행을 만났다. 정말 반가웠다. 윤정 씨는 계속 한국인들과 함께 걷고 있었다. 윤정 씨는 빨래가 있으면 달라고 했다. 일행들 빨래감을 모아 함께 세탁기에 돌리고 건조까지 할 거라 했다. 나는 고맙지만 빨래거리가 적어 손빨래를 하면 된다며 사양했다. 나는 윤정 씨에게 산티아고에 힘들게 왔으니 한국인들하고만 걷지 말고 혼자 걷는 시간도 가져보라고 말한 적이 있었다. 그런데 윤정 씨는 같이 걷는 게 좋다고 하셨다. '같이 걷는 게 좋기만 할까' 싶었다. 윤정 씨는 내 눈을 똑바로 보지 못하겠다고 했다. 내 큰 눈이 자기의 마음을 읽는 것 같다고.

알베르게 근처에 식당이 없었다. 아픈 다리와 짓무른 엉덩이로 1킬로미터 이상을 걸어서 식당을 찾아갔다. 주유소 옆에 식당이 있었다. 점심 겸 저녁으로 순례자 식사를 시켜 먹었다. 디저트는 따로 돈을 지불해야 했다. 디저트를 빼고 주문했다. 식사를 마칠 때쯤 점원이 와서 디저트를 먹겠냐고 물었다. 나는 디저트는 주문하지 않았다고 했다. 점원은 서비스라고 했다. 지친 순례자를 위한 호의였다. 타르트는 맛있었다.

숙소로 돌아왔는데 한 한국 분에게서 중요한 이야기를 전해 들었다. 산티아고 대성당의 주일 순례자 미사는 낮 12시에 드린다는 것이다. 저녁에 드린다고 알고 있었는데, 검색을 해보니 그분 말이 맞았다. 한 블로거의 글을 보니 미사는 12시 시작이지만 예배당은 11시에 열고 그때 사람들은 성 야고보 상을 포옹하며 소원을 빈다고 했다. '포옹? 지난 번 스페인 친구는 두 손을 잡고 절하며 소원을 빈다고 했는데. 직접 가서 보면 포옹인지 두 손을 잡는 건지 알게 되겠지. 그런데 난 무슨 소원을 빌게 될까.'

엉덩이가 땀으로 짓물러서 얇은 반바지를 입고 밤바람을

맞으러 나갔다. 바람이 통하지 않는 바지를 입은 게 원인이었다. 시원한 바람을 맞으며 조금이라도 회복되길 바랐다. 늦은 밤이었다. 누군가 알베르게로 큰 배낭을 메고 들어왔다. 전날 밤 페레이로스 알베르게에 늦게 도착했던 스페인 친구가 또 늦은 밤에 도착한 것이었다. 오늘은 왜 또 늦었냐 물으니 머리를 긁적이며 자기는 걷는 게 좀 느리다고 했다.

두 마음

10월 7일 · 팔라스 데 레이에서 아르주아

엉덩이에 땀이 차지 않도록 주의하며 걸었다. 땀이 찰 때쯤이면 카페 화장실에 들러 닦았다. 커피 값, 주스 값, 빵 값이 들었지만 어쩔 수 없었다. 땀을 잘 배출하고 빨리 마르는 옷을 입었다. 나는 옛 순례자들에 비해 훨씬 좋은 옷을 입고 좋은 신발을 신었다. 그들의 옷은 얼마나 무거웠을까. 신발은 또 얼마나 변변치 못했을까. 땀으로 젖은 옷을 입고, 디딜 때마다 통증이 그대로 전달되는 신을 신고 도대체 어떻게 이 긴 길을 걸었던 것일까. 그뿐인가. 수시로 출몰하는 도적떼도 있었으니 말 그대로 목숨을 걸고 걸었던 것이다. '죽을병에서 낫기를 바라며 먼 길을 목숨 걸고 걸어온 이들, 지은 죄를 속죄받고 싶다는 간절한 바람을 가지고 여기까지 온 이들. 그들은 이제 산티아고가 얼마 남지 않은 이 지점에서 무슨 생각을 했을까.'

윤정 씨 그룹과 앞서거니 뒤서거니 하며 걸었다. 여럿이 걸어서 좋은 점도 있겠지만 여행이나 모험이 아니라 순례로

왔다면 혼자 걷는 게 더 좋다는 생각이었다. 그러나 함께 걷는 한국인들도 이해가 갔다. 고향을 떠나 외국에서 타향살이하다가 여행을 왔는데 고국의 사람들을 만나니 반갑고 의지가 되고 향수를 달랠 수 있었으리라. 뉴욕에서 오신 한국 분은 전날 알베르게에서 밤을 한 봉지나 모은 것을 어쩌면 좋냐고 하셨다. 밤을 주울 때는 재미있었는데 안 그래도 무거운 짐이 더 무거워졌던 것이다. 이야기를 들으며 '욕심이 과하셨네'라는 생각이 들었는데 그것은 금방 다른 생각으로 바뀌었다. '아저씨는 밤을 주운 게 아니라 옛날 고향 뒷산에서 밤을 줍던 추억을 주운 것인지도 모른다.'

한참 걷고 있는데 누군가 다가와 내 이름을 불렀다.

"쩨."

"오, 벤. 아까 어머니와 여자 친구가 지나갔어요. 나랑 반갑게 인사를 했지요."

"나도 그들이 앞서 가고 있는 걸 알아요. 쩨, 이제 곧 산티아고에 도착하는데 기분이 어때요?"

"글쎄, 잘 모르겠어요. 두 마음이에요. 마음 한 편에서는 빨리 산티아고에 도착하고 싶은데 또 다른 한 편에서는 이 걸음이 멈추지 않고 계속되었으면 하는 생각도 드네요. 마음이 좀 복잡해요."

"나도 비슷해요. 이 길이 빨리 끝났으면 하는 생각도 들고 그러지 않았으면 하는 생각도 들어요. 어쨌든 산티아고는 육체적으로도 쉽지 않은 도전이었지만 정신적으로도 쉽지 않았어요. 매일 긴 거리를 걸어야 했고 그걸 날마다 반복하며 800킬로미터를 걸었으니까요. 나는 가족과 함께 걸었어요. 그것은 굉장한 경험이었어요. 힘들 때마다 서로에게 힘이 되어 주었어요. 이제 곧 이 여행은 끝나지만 우리 가족이 살아가는 데 큰 힘이 될 것 같아요. 우리는 이 시간을 추억하며, '네가 그때 그랬어', '우리가 함께 해냈지'라고 말할 때가 있을 거예요."

오르막을 만났다. 벤에게 먼저 가도 된다고 말했다. 벤은 25세의 젊은이라 나보다 훨씬 빨리 오를 수 있었고 가족이 앞서 가고 있었기 때문이다. 벤의 가족도 산티아고에서 일요일 낮 12시 예배를 드린다고 했으니 다시 만나리라 생각했다.

아르주아Arzúa에 도착했다. 생각보다 일찍 도착했다. 신발에 적응해서 더 이상 물집도 생기지 않았고 걷는 것도 편해졌는데 산티아고 순례는 다음날이면 끝날 예정이었다. 아르주아의 거리표지석에는 "Santiago 38km"라고 쓰여 있었다. '38킬로미터. 정말 내일이 끝인가?'

알베르게 앞에서 프랑스 노부부 마리와 장을 다시 만났다. 우리는 반갑게 인사를 나누었고 같은 알베르게에서 잤다. 알베르게에는 사람이 많았다. 사람들이 아담하고 귀여운 마

스페인의 수국

리의 코 고는 소리에 밤잠을 설칠 거라는 생각에 혼자 웃었
다. 밤이 되었다. 한밤 중, 마리의 코 고는 소리가 온 알베르게
에 가득했다. 어둠 속에서 누군가 마리의 침대 곁으로 다가가
는 것이 보였다. 나는 금방이라도 일어설 준비를 하고 그 사
람을 지켜보았다. 그 사람은 마리 옆에 가만히 서서 마리가
코를 골 때마다 그보다 조금 작은 소리로 코 고는 소리를 냈
다. 리듬을 맞추어. 그러기를 몇 분 지속하자 두 사람의 코골
이 소리는 많이 잦아들었다. 그 사람은 다시 자기의 침대로
돌아갔다.

도착 그리고 리셋

10월 8일 · 아르주아에서 산티아고까지

38킬로미터를 걸어야 했다. 지도를 보고 중간에 가로지를 수 있는 길이 있으면 최대한 가로질러 갔다. 마을로 들어가는 갈림길에서 차도가 짧으면 마을길이 아니라 차도를 선택했다. 갓길도 제법 넓었고 도로에 차도 별로 없었다. 그렇게 두어 번 하니 예상 시간보다 20분이나 단축되었다. 걸음은 더 빨라졌고 30분은 앞당길 수 있을 것 같았다. 지도를 보니 U자 형으로 돌아가는 길이 나왔다. 돌아가지 않고 가로질러 가면 시간을 더 아낄 수 있을 것 같았다. 가로지를 수 있는 길이 있나 보았더니 나무와 잡풀이 무성한 숲이었다. 고민하다가 숲으로 뛰어 들었다. 스틱으로 풀들을 헤치며 성큼 성큼 걸어 숲 밖으로 나갔다. 그런데 그곳에 길은 없었다. 철망이 길을 막고 있었고 철망 너머로 활주로가 보였다. 공군 기지인줄 알았는데 나중에 알고 보니 산티아고 공항이었다. 여기까지 온 게 아까워 철조망을 따라 더 걸어보았다. 언덕을 하나 넘었는데도 철조망은 끝나지 않았다. 그제야 나는 발길을 되돌렸다. 되돌아올 때는 뛰었다. 한참 만에 다시 카미노에 올라섰다. 그래도 거리이정표를 보니 예정한 시간 안에 산티아고에 도착할 수 있을 것 같았다. 신발 안에 모래와 풀이 들어간 듯 조금 서걱거렸지만 무시하고 계속 걸었다. 잠깐 쉬며 신발을 살필 시간도 아까웠던 것이다.

멀리 도시가 보였다. 산티아고였다. '산티아고!' 드디어 산티아고에 도착했다. 산티아고가 보이는 언덕에 서서 속으로 크게 외쳤다. "소노 피날멘테 아리바티!" 낯선 도시가 고향집처럼 친근하게 느껴졌다. 도시 초입에 있는 공영 알베르게에 체크인하고 짐을 내려놓고 산티아고 대성당으로 걸어갔다. 금방 도착할 줄 알았던 성당은 상당히 멀리 있었다. 40분을 걸어서 도착했다. 도시는 크고 고풍스러웠으며 대성당은 웅장했다. 성당 앞에서 기념 사진을 찍고 감사 메시지를 서울에 있는 사람들에게 전송했다. 광장에 앉아 오열을 하는 이들도 있었지만 나는 담담했다. 나 스스로 놀랄 정도로 담담했다. '이제 산티아고 순례는 끝난 건가? 이게 끝인가?' 성당 부근에서 윌리와 엘리를 만났다. 반갑게 포옹하고 함께 사진도 찍었다. 그들은 전날 도착했고 다음날 떠난다고 했다. 그동안 고마웠다는 인사를 나누고 헤어졌다. 아는 얼굴이 있기를 바라며 광장을 한 바퀴 돌았지만 만나지 못했다. 이탈리아 친구들이 그리웠다.

다시 숙소까지 걸어갔다. 발이 점점 가려웠다. 아무래도

산티아고 대성당

숲속에서 벌레에 물린 것 같았다. 바르는 약을 사려고 약국을 찾았으나 약국은 모두 닫혀 있었다. 숙소 가까운 식당에서 식사를 하며 신발과 양말을 벗어서 상태를 살폈다. 곳곳에 붉은 발진이 보였고 몇 곳은 불룩해지기까지 했다. 숙소로 돌아와 샤워를 하다 보니 그 사이 더 불룩하게 올라왔고 무릎 아래로 수 십 군데에 발진이 돋아 있었다. 손가락으로 누르니 터지기까지 했다. 터져서 다행이었다. 진드기 같은 벌레가 살을 파고든 것은 아닌가 걱정했다. 터진 부위에서 벌레는 발견되지 않았다. 진물만 흘렀다. 샤워 후 알베르게 직원에게 발을 보여 주며 도움을 요청했다.

"오늘 수풀을 지나다가 벌레에 물렸는데 이곳에 약이 있나요?"

"여기는 약이 없어요. 24시간 여는 약국이 있어요."

"그 약국이 어디 있나요?"

"핸드폰의 지도 앱을 열어 보세요."

그는 손가락으로 약국을 찍어 주었다.

걸어서 20분, 왕복 40분 거리였다. 그날 나는 총 45킬로미터를 걸었다.

약사가 벌레에 물린 것 같다며 바르는 약 하나를 줬다. 심각한 건 아니냐고 물으니 열이 안 나면 괜찮을 거라고 했다. 알베르게로 돌아와 로비 한쪽 구석에 앉아 약을 발랐다. 70군

제일 많이 걸은 날

데 넘게 벌레에 물렸다. '정말 심각한 것은 아니겠지? 피스테라까지 걸어가지는 못해도 버스 투어라도 할 수 있으면 좋겠는데.' 약을 다 바르고 일지를 쓰려는데 오후에 알베르게에서 잠깐 보았던 한국 분이 야식 먹는 자리에 초대하셨다. 거절하지 않고 합류했다.

젊은 부부, 40대 후반의 여성 한 분. 이렇게 세 분의 한국인이 있었다. 모두 잠시 직장을 그만 두고 산티아고에 온 분들이었다. 젊은 부부는 레온부터 걸었고, 다른 여성은 생장에서부터 걸었다고 했다. 피스테라에 가는 법, 이 알베르게는 연속 숙박이 가능하다는 것, 알베르게에서 산티아고 대성당에 오갈 때 버스를 타면 된다는 좋은 정보들을 알려 주셨다. 세 분 모두 편했다. 우리는 서로의 산티아고 경험을 나누었다.

"이번 산티아고 순례는 모든 것이 완벽했어요. 싫어하는 비도 오고, 빈대에 물리고, 스틱을 잃어버리기도 했지만 매일 산티아고의 모든 순간이 좋았어요. 혼술도 처음 해보고, 줄서서 아이스크림도 사먹어 보았어요. 자기에 대한 좋은 느낌이 가득 찰 때나 하게 되는 일들이죠. 그리고 지금 이 시간도 너무 좋아요."

"저는 산티아고 순례를 완주하면 모든 죄를 용서받는다는 말을 믿지는 않지만, 내 삶을 리셋해 주는 느낌은 좋아요. 우리 삶에는 그런 순간들이 필요한 것 같아요. 새롭게 시작해도 된다고, 새롭게 살아보라고 격려 받는 순간이 있어야 하잖아요. 이번 산티아고 순례가 그런 시간이었어요."

세 가지 소원을 빌다

10월 9일 · 산티아고 둘째 날

간단히 요기를 하고 성당으로 갔다. 전날 밤 한국 분들이 일러주신 대로 알베르게 앞에서 버스를 타고 갔다. 10분 만에 도착했다. 이른 시간임에도 성당 주변에는 사람들이 생각보다 많았다. 혹시 아는 사람이 있나 성당 주변을 돌아보았다. 성당 입구 앞에 대여섯 명이 모여 있는데 그중에 필리포가 있었다. 필리포에게 왜 이렇게 일찍 줄을 섰냐고 물었다. 필리포는 이때부터 줄을 서야 좋은 자리에 앉을 수 있다고 했다. 필리포 옆에서 함께 성당이 열기를 기다렸다. 시간이 지날수록 대기 줄은 길어졌다. 긴 줄 사이에는 브라질 자매 소렌지와 루시아도 있었다.

오픈 시간이 안 됐는데 성당 문이 열렸다. 필리포는 전날 저녁 7시에도 성당에 와서 미사를 드렸기에 성당 구조를 잘 알고 있었다. 우리는 먼저 지하에 성 야고보의 유해가 모셔져 있는 곳으로 내려갔다. 유골은 그리 크지 않은 함 속에 안치되어 있었다. 여러 사람이 그 앞에서 오래 기도했고 어떤 이는 눈물을 흘리기도 했다. 나는 '그냥 전설일 텐데'라는 생각이 먼저 들었으나 이 세상 어딘가에 있을 야고보의 유해를 생각하며 그의 삶과 헌신과 믿음에 감사하며 잠시 기도드렸다.

그런데 성 야고보의 성상이 보이지 않았다. 나는 야고보 성상을 찾아다녔다. 성당 구석구석 한 바퀴를 돌아보았지만 보이지 않았다. 성상은 놀랍게도 제단 정중앙에 있었다. 당연히 예수님의 자리라 그곳을 살피지 않았었다. 주변이 온통 금으로 둘러싸인 황금 제단 중앙에 야고보 성상이 있었고 순례자들이 뒤편 계단을 이용해 야고보 상 뒤로 가서 포옹할 수 있도록 해놓았던 것이다. 나는 그 야고보 상에 소원을 빌고 싶지 않았다. 마음이 전혀 내키지 않았다. 그리고 그 성상은 스페인 친구가 말했던 것처럼 순례자가 두 손을 잡고 절을 할 수 있는 모양새가 아니었다. 그러다가 제단의 두 기둥 중 왼쪽 기둥 옆에 세워진 성상이 눈에 들어왔다. 그 성상은 두 손을 앞으로 내밀고 있었는데 사람이 손을 올리면 잡을 수 있는 위치에 손이 있었다. 그리고 두 손은 반질반질했다. 수많은 사람들이 만진 손이었다. 나는 그 동상을 야고보 상으로 생각하기로 했다. 다가가 그의 손을 잡았다. 내 맘 가장 깊은 곳에 있던 기도를 꺼내놓았다. 그 기도는 호흡에 관한 것이 아니었다. 용서에 관한 것이었다.

예배 시간이 다가오자 사람들이 점점 예배당을 가득 메

산티아고 대성당의 파이프오르간

성 야고보 성상 (나중에 확인해보니 야고보 성상이 맞았다)

웠다. 예배가 1시간 정도 남았지만 자리를 잡고 앉았다.

오르간이 울리고 찬양대의 연습이 있고 여러 나라 말로 환영 인사가 있은 후 사제들이 등장하며 미사가 시작되었다. 대주교로 보이는 분이 집례를 하셨다. 독일어, 프랑스어, 영어, 스페인어로 인사를 하셨다. 순서는 카미노에서 드렸던 다른 미사와 크게 다르지 않았다. 1시간이 지나 미사가 끝나갈 때쯤 천장에 달려 있던 큰 향로가 아래로 내려졌다. 무려 8명의 사람이 줄을 잡고 있었다. 8명이 줄을 당길 때마다 큰 향로가 하얀 연기와 향을 풍기며 좌우로 크게 움직였다. 단 위에 앉아 있던 사제들의 고개도 향로를 따라 좌우로 움직였다. 향은 예배당 전면을 가득 채웠다. 옛날 순례자들의 몸에서 나는 냄새를 없애고 전염병을 예방하기 위해 시작된 의식이라고 하는데 많은 이가 하늘에서 내려오는 향과 연기를 순례에 대한 하늘의 축복으로 여기며 감동했다. 향로 의식이 끝나자 모든 이가 크게 박수를 쳤다.

예배를 마치고 사람들이 성당을 빠져 나갔다. 나는 다시 야고보 상 앞에 섰다. 아까 한 가지 소원만 빌었던 것이다. 두 손을 잡고 두 가지 소원을 더 빌었다. 산티아고에서 아침을 맞을 때마다 청했던 것, 자유롭고 깊고 나다운 호흡을 달라고 청했다. 그리고 이번 카미노를 통해 크게 깨닫게 된 것처럼, 아버지의 집에 거할 곳이 많듯이 나 또한 그렇게 마음이 너른 사람이 되게 해 달라고 청했다.

숙소로 가는 도중에 배가 고파 케밥 집에 들어갔다. 식사 중 식당으로 소렌지와 루시아 자매가 들어왔다. 인연은 인연이다. 같이 식사를 하다가 루시아가 물었다.

"내일 뭐하세요? 집으로 가시나요? 우리는 피스테라 관광을 갈 거예요."

"나도 가고 싶어요. 어디서 버스를 타는지 알아요?"

소렌지가 전단을 보여 주었다.

오전 9:15-오후 6:00. 요금 39유로.
카미노 여행자 사무실 앞 집합

"내일 아침에 나도 그리로 갈게요. 그런데 나는 어제 벌레에 물려서 상태가 좋지 않아요."

양말을 내려 물집이 잡힌 곳을 보여주었다.

"오, 쩨. 아프겠어요. 우리 나라에서는 벌레 물린 곳에 식초를 발라요. 연고보다 좋을 거예요."

"일단 약국에서 받은 연고를 발라보고 안 들으면 식초도 써 볼게요. 오늘밤에 상태가 좋아지면 내일 같이 갈 수 있을 것 같아요."

"꼭 좋아져서 같이 가면 좋겠어요."

숙소에 돌아와 오후가 되자 양쪽 목에 작은 멍울들이 마구 올라왔다. 또 다른 벌레에 물린 건지 모르지만 임파선 쪽이라 걱정이 되어 전날 갔던 약국에 갔다. 다른 약사가 있었다. 상황을 이야기하고 목을 보여주자 지금 바로 병원에 가라고 했다. 알려준 산티아고 대학병원은 걸어서 1시간 거리였다. 택시를 잡지 못하고 끝까지 걸어갔다. 걸어가는 중에 부슬비까지 내렸다. 응급실에 갔더니 앞 건물 1층에 있는 야간 진료센터에 가라고 했다. 야간 진료센터의 시스템은 우리나라 응급실과 비슷했다. 담당자에게 내 상태를 설명하고 여행자보험 증서를 제출했다.

내 순서가 되어 의사를 만났고 자세하게 상황을 설명했다. 몸 상태를 보여주자 의사는 걱정하는 눈빛으로 나를 봤다. 의사는 컴퓨터로 진드기 사진을 보여주고는 내게 말했다. "확실하지 않지만 당신은 이 진드기에 물린 것 같습니다. 약을 처방해 드리겠습니다. 3일 복용하고 차도가 있는지 봅시다. 신발, 양말, 옷가지 중 버릴 수 있는 것들은 다 버리세요. 작은 진드기들이 남아 있을 수 있습니다. 세탁이 가능한 것들은 세탁 후 열풍 건조를 꼭 하세요." 나는 이틀 뒤에 바르셀로나로 떠난다는 말을 하지 않았다. 3일치 약을 먹고 나아지길 바랐다. 진료를 보고 나오니, 약국에 들렀다가 알베르게로 돌아가는 게 문제였다. 의사는 자기가 택시를 불러주겠다고 했지만 나는 괜찮다고 말하고 밖으로 나와 간호사에게 부탁했고 택시는 금방 왔다. 택시 기사는 나를 약국까지 태워주었고 약국 일을 다 볼 때까지 기다려 주었다. 그리고 다시 알베르게까지 데려다 주었다. 정말 고마워서 잔돈을 받지 않았다.

나사로 쩨

10월 10일 · 산티아고 셋째 날

약이 듣는 것 같았다. 목 주변의 멍울이 많이 가라앉았다. 밤새 빗소리가 들리더니 계속 비가 왔다. 피스테라 관광은 포기했다. 쉼과 회복이 먼저였다. 전날 의사의 조언대로 신발과 양말들은 버렸다. 산티아고 순례의 모든 발걸음이 담긴 신발을 버리기 아쉬웠지만 나뿐만이 아니라 숙소의 다른 이들을 위해서도 밀봉해서 버려야 했다. 새 신발을 사기 위해 마트로 갔다. 저렴한 신발과 옷을 고르고 세 끼 음식을 샀다. 생수까지 들어가 무거운 비닐봉지를 들고 숙소로 향했다. 건너편 길을 보니 계속 순례자들이 콤포스텔라 성당을 향해 걸어가고 있었다. 순례자들은 지쳐 보였지만 기뻐 보였다. 지난 토요일의 나처럼. 혹시 안토니오 일행이 지나가는 것은 아닐까 유심히 살펴보았다. 그러다가 수녀님을 보았다. "수녀님, 수녀님" 하고 부르니 멈추셨다. 얼른 길을 건너가 인사 드렸다.

"수고하셨습니다. 그렇지 않아도 걸으면서 수녀님이 어디쯤 걷고 계실까 궁금했습니다."

"저도 목사님 생각이 종종 났습니다. 신부님 같은 목사님."

"죄송하지만 수녀님 성함이 어떻게 되세요?"

"송○○ 안젤라예요. 크루와 ○○○ 수녀원에 있어요. 신부님 이름은?"

수녀님은 나를 아예 신부라고 부르셨다.

"김재흥입니다. 서울 청파교회에 있습니다. 저는 토요일에 도착했는데 그날 수풀을 지나다가 뭔가에 물려 이렇게 피부 곳곳에 발진이 나서 알베르게에서 쉬고 있습니다. 산티아고 끝에 이런 일도 겪네요. 무슨 뜻이 있는 것 같기도 하고요."

"그럴 수 있지요. 그냥 일어나는 일은 없으니까요. 신부님, 얼른 회복하셔요."

손을 굳게 잡고 서로의 안녕을 빌어주고는 헤어졌다.

산티아고 순례의 마지막을 이렇게 보낼 줄은 몰랐다. 눈에 보이지도 않는 작은 벌레들이 만든 물집과 상처를 생각할 뿐, 길고 험하고 또 그만큼 가슴 벅찼던 산티아고 길이 잘 떠오르지 않았다. 빨리 상처들이 가라앉고 아물길 바라고 기다릴 뿐이었다. 그 작은 벌레들이 '너 산티아고 길 걸은 것 그거 아무것도 아니야'라고, '너 자체가 아무것도 아니야'라고 속삭이는 것만 같았다. 그런데 그 소리들이 싫지만은 않았다. 정말 그럴 수도 있기에.

숙소로 돌아와 과산화수소로 상처를 소독했다. 흰 거품

이 끝없이 올라왔다. 많이 간지러웠다. 딱딱하게 뭉친 곳도 많았다. 다음날이면 바르셀로나에 가야 하는데 그 전에 더 많이 가라앉길 바랄 뿐이었다. 서울에 가서도 몇 주간 이상 치료를 받아야 할 듯했다. 잠시 알베르게 앞 도로로 나가 공항 가는 버스 탈 곳을 확인했다. 버스 정류장은 알베르게에서 아주 가까웠다. 돌아오는 길에 알베르게의 입간판이 새롭게 보였다. 〈성 나자로 알베르게〉. 나자로?! 요한복음에서는 마리아와 마르다의 오빠로 등장하며, 병으로 일찍 죽었다가 예수님에 의해 무덤에서 소생했으며 예수님이 사랑하던 사람이라고 기록된 자다. 누가복음에서는 비유 속에 등장하는데, 부자집 앞에 앉아 음식을 구걸해 먹고 살았으며 병약하고 상처가 많아 그 헌 곳을 개들이 와서 핥았다. 죽어서는 아브라함의 품에 안겨 세상에서 받은 멸시와 천대만큼 위로를 받았다. 몸 곳곳에서 진물이 흐르고 잔뜩 나약해져 있던 나에게 너무 어울리는 알베르게였다. 나는 나사로 쎄였다.

성 나자로 알베르게 현판

무차스 그라시아스

10월 11일 · 산티아고-바르셀로나

길을 걷다가 나무더미를 만났다. 쌓아놓은 지 오래돼 보였다. 이게 왜 길 한가운데에 있을까 궁금해 하고 있는데 나무더미가 무너지며 갑자기 수많은 벌레들이 한꺼번에 쏟아져 나와 나에게 덤벼들었다. 나는 뒤로 주춤거릴 뿐 덤벼드는 벌레들을 막지 못하고 쓰러졌다. 꿈이었다. 깨어보니 새벽 3시였다. 몸에서 살짝 열이 났다. 입고 자던 외투와 양말을 벗고 다시 잠들었다. 이른 아침 안토니오가 연락을 해왔다. 같이 아침을 먹기 위해 내가 있는 알베르게로 찾아오겠다는 것이었다. 안토니오 일행은 전날 콤포스텔라에 도착했다고 했다. 나는 안토니오가 나를 찾아오지 않기를 바랐다. 그는 산티아고 대성당 가까운 곳에 묵고 있는데 도보로 40분이나 떨어진 곳에 있는 나를 만나러 오면 안토니오의 일정에 차질이 생길 수도 있고, 혹 나에게서 뭔가 좋지 않은 것이 안토니오에게 전염될 수도 있었기 때문이다. 나는 안토니오에게 아쉽지만 오지 않는 게 좋겠다고 완곡하게 말했고, 안토니오는 나의 말을 들어

주었다. 함께 카미노를 걸었던 이탈리아 친구들과 산티아고 콤포스텔라의 식당에서 식사하며 무사히 순례를 마친 것을 축하하려던 계획은 이루지 못했다. 무엇보다 안토니오와 루치아노 선생님을 한 번 더 만나지 못한다는 아쉬움이 컸다.

알베르게에서 좀더 쉬다가 바르셀로나로 가기 위해 산티아고 공항으로 갈 것인지 아니면 다시 산티아고 대학병원에 가서 왼쪽 목에 생긴 멍울에 대한 검사를 받을 것인지를 결정해야 했다. 나는 제법 심각했다. 팔과 다리의 상처들은 조금씩 아물고 있었지만 왼쪽 목의 멍울은 조금 작아졌을 뿐 그대로 있었다. 미열도 있었다. 나는 임파선 결핵을 앓은 적이 있기에 조심해야 했다. 그 멍울이 단지 벌레에 물려서 생긴 것이라면 괜찮지만 다른 이유로 임파선이 부어오른 것이라면 당장 검사를 받아야 했다. 만약 검사를 받았는데 결과가 좋지 않다면 입원 치료를 받아야 했다. 그렇게 되면 바르셀로나에 못 가는 것이 문제가 아니라 귀국 일정도 다 꼬이고 더 큰 문제가 생길 수도 있었다.

짐을 꾸려 알베르게에서 나와 산티아고 대학병원으로 향했다. 만약에 의사가 별 문제가 없다고 하면 거기서 바로 공항으로 가고, 입원해서 여러 검사를 받아야 한다면 그렇게 하기로 마음먹었다. 병원에 도착했다. 간호사가 주간 응급실로 나를 데려다 주었다. 피부과 전문의가 진찰해 주었다. 나는 의사에게 상황을 설명하고 부어오른 임파선도 보여 주었다. 의사는 벌레에게 물린 부위 전부를 보여 달라고 했다. 제일 심한 오른쪽 발을 보여 주었다. 그랬더니 윗옷을 모두 벗어보라고 했다. 더 이상 물린 부위가 없는 것을 확인하더니 목 부위를 유심히 살펴보고 멍울을 만져보기도 했다. 진찰을 마친 의사는 이렇게 말했다. "이틀 전에 처방받은 약은 더 이상 먹을 필요가 없습니다. 진드기에 물린 곳은 이미 아물기 시작했어요. 이제 전혀 손을 대지 않아도 됩니다. 목에 생긴 몽우리는 진드기가 아니라 빈대에 물린 것으로 보입니다. 연고를 처방해 드릴 테니 하루에 두 번 아침저녁으로 바르면 좋아질 겁니다." 마음이 크게 놓였다. 허리를 깊이 숙여 "무차스 그라시아스(대단히 감사합니다). 무차스 그라시아스" 하고 감사 인사를 드렸다.

버스를 타고 공항으로 향했다. 순례 마지막 날 고생을 좀 했지만 큰 차질 없이 마치고 바르셀로나로 떠날 수 있어서 다행스럽고 감사했다. 버스 창밖으로 순례자들이 속속 콤포스텔라로 들어오는 모습이 보였다. 카카벨로스에서 만났던 이자우라도 보였다. 반가웠지만 인사를 할 수는 없었다. 공항에 도착해 점심을 먹고 있는데 마구엘이 지나갔다.

"마구엘!"

"쩨! 여기서 당신을 만날 줄은 몰랐어요."

"나도요."

"나는 이제 이탈리아로 돌아가요."

"나는 바르셀로나로 가는 중이에요. 가우디의 건축물을 볼 거예요."

"카미노에서 당신을 만나서 참 좋았어요. 언젠가 또 만나게 되면 좋겠어요."

"그래요. 또 만날 수 있으면 좋겠어요. 언제 어디서 보게 될 수 있을지는 모르겠지만."

"언젠가 한국에도 갈 거예요. 그때 볼 수도 있겠지요."

"오! 한국에요? 한국에서 보면 정말 반갑겠네요."

마구엘. 참 당차고 모험심과 도전 정신이 많은 친구였다. 마지막까지 마구엘은 스무 살로 보이지는 않았다.

비행기가 활주로에 섰다. 창밖으로 숲이 보였다. 내가 진드기에게 물렸던 바로 그 숲이었다.

저 숲을 지나온 이후 전혀 예기치 않았던 일들이 일어났다. 겪지 않았더라면 좋았을 일이었다. 그러나 그것까지가 나의 산티아고 순례였다. 나의 땅끝, 산티아고 끝에 이른 피스테라는 나의 연약함이었다.

마지막 활주로에서

바르셀로나에서

환속

한 시간을 날아 바르셀로나에 도착했다. 바르셀로나는 과연 대도시였다. 숙박료도 파리보다 비쌌다. 그러나 가우디의 건축물들이 있었다. 바르셀로나는 산티아고와 같은 스페인이지만 다른 스페인이었다. 산티아고 순례길은 나바라, 리오하, 레온, 갈리시아 네 주에 걸쳐 있다. 바르셀로나는 스페인 북동쪽에 위치한 카탈루냐 주에 있다. 스페인에서 독립을 꿈꾸는 지방 중 하나이며 세계적인 관광 도시다. 카페에 앉아 배낭을 메고 지나가는 사람들을 보았다. 왠지 아는 사람이 지나갈 것 같다는 느낌이 들었지만 그런 일은 일어나지 않았다.

카탈루냐 광장을 둘러본 후 고딕 지구를 한 바퀴 둘러보았다. 돌들로 크고 높게 지은 500여 년 전 고딕 양식의 건물들이 그대로 남아 있었다. 그 안에 사람들이 계속 살고 있다는 게 신기하고 대단해 보였다.

어떻게 그 오래전에 저렇게 큰 돌들로 저렇게 웅장하고 높고 정교한 건물들을 지을 수 있었을까? 물론 상당수는 스페인이 남아메리카 대륙에서 가져온 황금을 팔아 지은 것들

고딕 지구

이다. 그 엄청난 부와 예술가들의 열정이 합쳐져 수백 년이 지나도 변치 않는 건물들을 만들어 낸 것이다. 산티아고를 걸으며 남미에서 온 순례자들이 웅장하고 화려한 성당들을 보며 감탄하고 경탄을 연발하는 모습을 보면 한편으로 아이러니한 기분도 들었다.

얼마 걷지 않아서 피곤이 몰려왔다. 체력이 많이 떨어져 있었다. 손목에 붉게 올라온 벌레 물린 곳을 가릴 긴팔 옷이 필요했다. 셔츠를 사기 위해 상점가로 갔다. 큰 상점들이 즐비했다. 세계 유수의 브랜드가 모두 모여 있는 듯했다. 상점마다 사람들로 가득했다. '환속'한 느낌이었다. 옷을 사가지고 숙소로 돌아와 샤워를 끝내고 새로 처방받은 연고를 목 주위에 바르고 일찍 잠자리에 들었다.

10월 12일 · 바르셀로나 둘째 날

　같은 방을 쓰던 사람들이 밤새 들락날락거렸고 문을 꽝꽝 닫았다. 바로 옆 침대의 20대 여행자는 새벽에 들어와 마치 자기 혼자 방을 쓰듯 행동했다. 온갖 소리를 냈고 심지어 전동 마사지기까지 썼다. "드르르 드르르 드르르…." 나는 잠을 포기했다. 일찍 자리에서 일어나 가우디 투어를 시작했다. 사그라다 파밀리아 성당 관람 예약을 잘못해 다음 날에 관람을 해야 했다. 밖에서라도 성당을 보기 위해 갔다. 우선은 숙소 가까운 곳에 있는 〈카사 바트요〉부터 보았다.

　이른 시간인데 한국 단체 관광객 팀이 여럿 있었다. 사진과 영상으로 본 적이 있었지만 직접 눈으로 보니 느낌이 전혀 달랐다. '어쩜 돌을 저렇게 나무 깎듯이 다듬었을까.' 수많은 곡선을 디자인한 가우디도 대단하지만 그걸 손수 작업한 이름을 알 수 없는 석공들의 노력에 찬탄하지 않을 수 없었다. 한참을 벤치에 앉아서 보다가 〈카사 밀라〉로 갔다. 그곳엔 사람들이 거의 없었다. 건물 앞 벤치에 앉아 여유롭게 볼 수 있

카사 바트요

카사 밀라

었다. '예술품이 된 집에서 살면 어떤 느낌일까? 집의 곡선을 따라 마음도 부드러워질까.' 가우디는 "직선은 인간의 선이고 곡선은 신의 선이다"라고 말했다고 한다. 직선에는 효용과 빠름이 있고 곡선에는 포용과 느림이 들어 있다. 그 포용과 느림이 신적인 부드러움과 아름다움을 드러낸다. 포용, 느림, 부드러움, 아름다움, 우리가 자주 잊고 사는 신적인 것들을 이번 순례와 여행에서 많이 느낄 수 있었다.

사그라다 파밀리아는 걸어온 만큼을 더 가야 했다. 그런데 다리에 힘이 빠지기 시작했다. 하루에 30킬로미터씩 걷던 내가 아니었다. 목의 멍울도 줄어들지 않았다. 느낌이 좋지 않았다. '서울에 가면 가능하면 빨리 검사를 받아야 할 것 같다.' 콤포스텔라 대학병원 의사의 말이 맞기를 바랐지만 혈액 검사도 하지 않았고 주사도 맞지 않았기에 걱정이 됐다. 다행히 열이 심하게 나지는 않았지만 몸이 축 처졌다. 체력이 급격히 떨어진 것이 진드기 때문인지 순례의 정상적인 후유증인지 알 수가 없었다.

걷다 보니 눈앞에 거대한 성이 나타났다. 그동안 본 여느 스페인의 대성당들과는 달랐다. 인간계의 건축물이 아니었다. 커다란 기둥들이 높게 솟아 있고 그 아래에는 예수님이 수난 받으시는 모습이 조각으로 표현되어 있었다. '저것이 수난의 파사드구나. 가우디가 아니라 그의 후배인 수비라치의 작품이라는.' 반대쪽으로 돌아가니 탄생의 파사드가 보였다. 수비라치의 수난의 파사드는 선이 굵고 직선적이었다. 반면 가우디의 탄생의 파사드는 선이 가늘고 곡선이 많았다. 지은 연대가 달라 돌의 색깔도 달랐다.

성당은 전체적으로 돌로 지은 것이라고는 느껴지지 않을 정도로 섬세했다. 탄생의 파사드에는 성가족, 즉 요셉과 마리아와 예수의 성상이 있었고, 그 성상들을 덮고 있는 덮개는 동굴의 종유석처럼 흘러내렸다. 광적인 설계, 천재적인 표현이었다. 무엇보다 내 눈을 사로잡은 것은 전면 높은 중앙에 위치한 나무였다. 진짜 나무 같았다. 나무 기둥과 가지와 이파리에 색을 넣었다. 생명나무였다. 가우디가 건축을 할 때 자연에서 영감을 많이 얻었다고 했는데 그 나무는 가우디에게 영감을 준 나무인 동시에 신앙이 무엇인지, 이 땅의 교회가 무엇을 지향해야 하는지를 보여 주는 나무였다. 우리의 신앙과 믿음은 생명의 대지에 뿌리를 굳게 내리고, 하늘을 바라보고 자라서, 옆으로는 그 얻은 양분을 사람들에게 그늘과 열매로 나누어야 한다고, 나무는 내게 일깨워 주었다.

힘이 빠져 벤치에 앉아 사그라다 파밀리아를 한참 보다가 사람들이 너무 많아져서 일어나 걸었다. 본래 계획은 바르셀로나를 한눈에 내려다볼 수 있다는 '벙커'에 갔다가 그 옆에 있는 구엘 공원을 보는 것이었다. 그러나 지금 상태로는

사그라다 파밀리아와 생명의 나무

언덕을 못 오를 것 같아 네타 해변을 향해 걸어갔다. 네타 해변은 숙소에서도 그리 멀지 않았다. 잠시 해변을 보고는 쉴 만한 그늘이 없어 그냥 숙소로 갔다.

숙소에 왔으나 예상했던 것처럼 제대로 쉴 수가 없었다. 사람들이 계속 들락날락했다. 자리에 누워 가우디에 대한 영상과 자료를 인터넷을 통해 찾아보았다.

성가족 성당. 1882년 비야르에 의해 시작, 비야르 사임 후 1883년 안토니오 가우디가 설계 시작. 1926년 약 20퍼센트만 짓고 사망. 2026년 완공 예정. 가우디의 동료 건축가 루이 설리반Louis Sullivan은 "사그라다 파밀리아 대성당은 돌로 상징화된 영적인 건물"이라고 말함. 영국의 역사학자 제럴드 브레난Gerald Brenan은 "유럽의 건축물조차도 이 성당 앞에서는 저속하거나 허식이 아닌 것을 찾을 수 없다"라고 말함.

가우디는 노년에는 오직 성당 짓는 일에만 몰두하고 마지막에는 아예 성당에서 숙식을 하며 일했다고 한다. 그리고 사고사 이후 그의 시신은 성당 한쪽 바닥에 묻혔다고 한다. 가우디 사후에 그의 뒤를 이어 여러 명의 건축가가 사그라다 파밀리아의 책임 건축가로 있었음에도 사그라다 파밀리아의 건축가가 가우디인 것에는 그만한 이유가 있었던 것이다.

기운이 없어 뭘 좀 먹어야겠다는 생각이 들었다. 그런데 생각해 보니 며칠 동안 제대로 식사를 못 했다. 빵으로 대충 때웠다. 몸을 너무 돌보지 않았다는 생각이 들어서 평소 하지 않던 일을 하기로 했다. 주변 맛집을 검색해 찾아갔다. 가격을 고려하지 않고 먹고 싶은 메뉴 두 가지를 시켜 먹었다. 아시안 식당이었는데 닭고기덮밥과 야끼만두를 시켜 먹었다. 뜨끈한 음식을 맛있게 잘 먹고 나니 몸에서 땀이 났다. 그간 약 먹을 생각, 약 바를 생각만 했지 밥을 잘 먹어야 한다는 생각을 하지 못했다. 분명 산티아고 길을 걸으며 몸이 많이 축났을 텐데 영양 보충을 안 했던 것이다. 숙소로 들어와 이번 여행의 마지막 짐을 꾸렸다. '내일이면 끝이다.'

아버지의 집, 사그라다 파밀리아

10월 13일 · 바르셀로나에서 서울로

마지막 날. 한국 입국이 걱정되었다. '진드기에 물려 병원에 간 걸 문제 삼아 격리시키면 어떻게 하지.' 그러나 곧 달리 생각하기로 했다. 그렇다고 한들 뭐 그리 큰 문제인가. 그냥 겪어내면 될 것을.

아버지 집에는 있을 곳이 많다. 그리 큰 문제 아니다. 어떻게든 다 살아가게 되어 있다. 지금껏 그렇게 살아온 인생 아닌가. 걱정하지 말자. 예상치 못한 일이 생겨도 그냥 다 감당할 수 있다. 다 그분 안에서 이루어지는 것들이다. 미리 걱정하고 염려하느라 지금을 놓치지 말자. 마음을 좀 편하게 갖자.

이번 순례에서 얻은 깨달음을 되새기다 보니 마음이 진정됐다. 다행히 몸 상태는 전날보다 훨씬 좋았다. 일어나 전날 꾸려놓은 짐을 들고 방을 나왔다. 사그라다 파밀리아 성당을 향해 걸었다. 이번 여행의 좋은 매듭이 될 것 같다는 느낌이 들었다. 첫 입장 시간 티켓을 끊기를 잘했다. 여유롭고 조용하게 가우디의 작품을 감상할 수 있었다. 제럴드 브레난의 말처럼 이제까지 보았던 화려하고 웅장한 성당들이 초라하게 느끼지는 동시에 '이게 진짜구나'라는 생각이 들었다. 돌로 만든 크고 높다란 기둥들이 휜 나무들처럼 성당을 지탱하고, 형형색색의 스테인드글라스를 통해 따스한 빛이 예배당을 은은하게 채우고 있었다. 자연스럽게 눈은 천장으로 향했고 아래에서 올려다 본 천장과 기둥은 강원도 인제 원대리의 자작나무 숲을 연상시켰다. 신성한 생명의 숲속에, 있을 곳이 많은 아버지의 집에 들어온 느낌이었다.

회중석에 가만히 앉아 목을 꺾고 한참을 올려다보았다. 눈을 감았다. 지난 40일간의 여정이 영화처럼 흘러갔다. 안토니오 암브로시우스와 시작해서 안토니 가우디로 끝난 여행, 있을 곳이 많은 아버지의 집에서 시작해서 아름답고 신성한 아버지의 집에서 끝난 여행, 그란데 쎄가 되기도 하고 나자로 쎄가 되기도 한 여행이었다. 기도가 절로 나왔다.

용서를 통해 평안에 이르게 하소서.
하나님의 숨을 호흡하게 하소서.
있을 곳이 많은 집, 당신 품을 닮은 사람이 되게 하소서.

사그라다 파밀리아의 천장

학교

성당 동쪽면의 탄생 파사드와 서쪽면의 수난 파사드도 인상적이었으나 그보다 내 눈과 마음을 사로잡은 것은 성당 뒤편의 조그마한 학교 건물이었다.

가우디는 성당 건축 현장에서 일하는 노동자들의 아이들을 위해 학교를 짓고 무료로 공부할 수 있도록 해주었다. 학교 건물은 벽면뿐 아니라 천장까지 곡선으로 되어 있었다. 부드러운 물결 모양을 이루는 천장이 특히 아름다웠다. 노동자들의 아이들을 챙기고 그 아이들을 위한 학교도 아름답게 지은 가우디의 마음이 고마웠다. 이 학교까지가 사그라다 파밀리아였다. 사그라다 파밀리아에는 노동자와 아이들을 위한 자리도 있었다. 있을 곳이 많은 곳, 많은 이를 품어 주는 것, 낮고 작은 이들까지 품어주는 것, 거룩함이란 그런 것이다.

오전 내내 성당에 머물다가 점심때가 되어서야 밖으로 나왔다. 더 둘러보고 싶은 곳도 없었고 다리도 아파 일찍 공항으로 갔다. 항공사에서 온 안내 메일을 확인하기 위해 메일함을 열었다. 제롬이 보낸 메일이 있었다.

안녕 킴. 나는 당신이 무사하길 바라고, 매일 산티아고에 다가가고 있길 바라고 있어요. 부엔 카미노! 나는 당신과의 깊은 만남이 준 여운에 아직 잠겨 있습니다.

제롬, 잊을 수 없는 사람이다. 그와 나눈 대화가 나의 마음속에도 깊게 자리 잡았다. 제롬은 나에게 10년 뒤 한 번 더 교회에 요청해 휴가를 받고 산티아고를 걸으라고 했다. 그리고 그때는 스페인어나 이탈리아어도 익혀서 오면 좋겠다고 했다. 만약에 10년 뒤 그런 시간이 또 주어진다면 이탈리아어를 배워서 갈 것이다.

다시 국적기를 타고 한국으로 돌아왔다. 돌아오는 비행기에서 오세브레이로 성당에서 보았던 '순례자의 기도'를 다시 읽어보았다.

순례자의 기도

내가 동쪽에서 서쪽까지 산과 계곡을 건너
모든 길을 걸었다고 해도
나 자신의 자유를 발견하지 못했다면
나는 아무 데도 도착하지 않은 것입니다.

내가 다른 언어와 문화를 가진 사람들과
내가 가진 모든 것을 공유하고
길 위에서 만난 순례자들을 친구로 삼고
성인이나 왕자가 묵었던 알베르게에 머물렀다 해도

내일 나의 이웃을 용서할 수 없다면
나는 아무 데도 도착하지 않은 것입니다.

내가 처음부터 끝까지 짐을 지고 다니고
격려가 필요한 모든 순례자에게 마음을 쓰고
나보다 늦게 도착한 사람에게 침대를 양보하고
대가 없이 물병을 누군가에게 주었다 해도
만일 내가 집과 직장으로 돌아가
형제애와 행복과 평화와 일치를 만들어 낼 수 없다면
나는 아무 데도 도착하지 않은 것입니다.

내가 비록 매일 음식과 물을 먹고
매일 밤 즐겁게 샤워를 하고
누군가에 의해 부상을 잘 치료받았다고 해도
이 모든 일에서 하나님의 사랑을 발견하지 못했다면
나는 아무 데도 도착하지 않은 것입니다.

내가 모든 건축물을 보고
최고의 일몰을 명상하고
모든 언어로 인사말을 배우고
모든 샘에서 깨끗한 물을 마셔 보았다고 해도

그 큰 아름다움과 평화를 만드신 분을 발견하지 못했다면
나는 아무 데도 도착하지 않은 것입니다.

만일 오늘부터 내가 주님의 길을 따라 걷지 않는다면
배운 것을 추구하며 살지 않는다면
만일 오늘부터 내가 친구뿐 아니라
적을 카미노의 동반자로 보지 못한다면
만일 오늘부터 내가 내 삶의 유일한 존재로서
하나님과 나사렛 예수를 인식하지 못한다면
나는 아무 데도 도착하지 않은 것입니다.

순례길은 산티아고에만 있지 않음을, 아무 데도 도착하지 않은 사람이 되지 않기 위해서는 참으로 많은 노력이 필요함을, 순례는 의당 일상으로 이어져야 함을 새삼 느꼈다.

에필로그

바르셀로나에서 파리를 경유해 한국으로 돌아왔다. 집으로 무사히 돌아왔다는 안도감과 동시에 허전함이 밀려들었다. '정말 순례가 끝난 것인가'라는 생각이 들었다. 옛 순례자들은 집에서 콤포스텔라까지 걸어갔다가 집으로 돌아갈 때도 걸어서 갔다. 스페인 친구 노리야처럼, 그 돌아가는 길까지가 순례였던 것이다. 내 마음 속에 생긴 허전함과 아쉬움이 그 절반의 과정을 거치지 않아서였는지 아니면 여행 후 일상에 복귀할 때 생기는 보통 감정인지 잘 알 수 없었다. 그 허전함과 아쉬움은 바쁜 일상으로 복귀한 이후에도 쉽게 사라지지 않았다.

하지만 나는 이 글을 쓰며 그때의 그 길을 다시 걸었고, 그때의 그 사람들을 다시 만날 수 있었다. 그래서 나는 다시 한 번 행복하고 감동할 수 있었다. 순례를 다녀온 지 벌써 1년이 지났다. 진드기에 물린 상처는 다 아물었지만 몇 곳은 검게 흉터가 남았다. 저녁에 샤워할 때면 그 흉터를 보며 산티아고를 생각한다. 그 길과 풍경과 거기서 만났던 사람들, 그리고 나의 기도도.

일상과 산티아고 순례길은 다르기도 하고 비슷하기도 하다. 서울의 일상에는 먼지 하나 없는 파란 하늘, 사방이 뻥 뚫린 광활한 대지, 끝없이 이어진 길, 큰 배낭을 메고 걸어가는 순례자는 없다. 그러나 매일 걸어가야 할 길이 있고 그 길에서 만나는 사람들이 있다. 내가 매일 걷는 길이 카미노라 생각하며 하루라는 길을 걷고 있다. 내가 만나는 사람들이 순례자라 생각하며 만난다. 가끔 마음이 답답해질 때면 루치아노 선생님이 해주셨던 말씀을 떠올린다. "죽음이 찾아오기 전에 와인을 많이 마셔라." 단지 와인을 많이 마시라는 말씀이 아니었다는 것을 안다. 좀 여유 있게 살아도 된다고, 긴장을 풀고 행복하게 살아도 된다고, 기쁘고 즐겁게 살아도 된다고 말씀해 주신 것이다. 그 말이 자주 떠오르는 이유는 그 말이 내게 정말 필요했던 말이었기 때문일 것이다. 그리고 산티아고 길 위에서 드렸던 세 기도는 매일 드리는 기도가 되었다. 아마 그 기도는 나의 평생 기도가 될 것이다.

에피소드

여행 둘째 날 파리 호스텔에서 아침 식사를 할 때였다. 스피커에서 조용한 클래식 기타 연주가 흘러나왔다. 그런데 익숙한 곡이었다. 기타 연주에 따라 내 머릿속에서는 가사가 떠올랐다.

나를 지으신 이가 하나님
나를 부르신 이가 하나님
나를 보내신 이도 하나님
나의 나 된 것은 다 하나님 은혜라

나의 달려갈 길 다 가도록
나의 마지막 호흡 다 하도록
나로 그 십자가 품게 하시니
나의 나 된 것은 다 하나님 은혜라

한량 없는 은혜 갚을 길 없는 은혜

내 삶을 에워싸는 하나님의 은혜
나 주저함 없이 그 땅을 밟음도
나를 붙드시는 하나님의 은혜

깜짝 놀랐다. 전 세계 젊은이들이 모이는 파리 호스텔, 한국 여행객이라고는 나 하나였고 한국 스텝이 한 명도 없는 곳에서 한국 복음성가 연주가 나오다니. 어떻게 여기서 이 연주가 흘러나오게 되었는지 알 수 없었다. 우연이었다. 나는 우연에 특별한 의미를 부여하지 않는 타입이다. 나쁜 우연에 그러하듯 좋은 우연에도 그러하다. 삶에서 중요한 것은 나쁜 우연이나 좋은 우연이 아니라 일상이기 때문이다. 그러나 그 순간 그 연주는 내게 선물과 격려가 되었다. 돌이켜 생각해보면 이번 여행이, 이번 순례가 내겐 선물이며 격려였다. 그런 우연이 없다 해도 산티아고 순례길은 걷는 자 모두에게 선물과 격려가 될 것이다. 나는 산티아고에서 만났던 사람들의 얼굴 속에서 그것을 볼 수 있었다.

오세브레이로 언덕에 핀 꽃들

산티아고 순례길을 걸으려는 이들을 위한
소소한 팁 10가지

1.인터넷 카페 - 최대의 정보 창고

네이버 카페 '카미노의 친구들 연합'(까친연)은 한국인들을 위한 최대의 카미노 정보 창고다. 회원수는 7만 명이 넘는다. 경험자들이 전해주는 알찬 정보들이 넘쳐난다. 원하는 정보, 필요한 정보 모든 것을 얻을 수 있다.

2.책 - 동기 부여

산티아고에 대한 책은 많이 나와 있다. 그중 세계적으로 가장 유명한 책은 파울로 코엘료의 《순례자》일 것이다. 코엘료의 다른 책들도 그렇지만, 《순례자》도 마법과 같은 매력을 품고 있다. 국내 도서 중에는 김남희의 《걷기 여행2- 스페인 산티아고편》을 추천한다. 많은 영감을 주며 동기 부여가 될 것이다. 코스 소개와 여행 팁을 소개하는 가이드북도 많이 나와 있으니 한 권 정도 미리 읽어보고 가면 도움이 될 것이다.

3.동영상 - 미리 간접 체험하기

유튜브에는 수많은 산티아고 순례길 동영상이 올라와 있

다. 코스별, 계절별, 연도별로 참으로 다양하다. 자신이 가고
자 하는 코스와 계절 영상 중 가장 최근의 것을 찾아 미리 한
번 간접 체험을 해보고 가길 추천한다. 계절별로 준비해야 하
는 준비물이 무엇인지, 또 코스의 풍경이 어떤지 알 수 있다.
그리고 산티아고의 전체적인 분위기 또한 어느 정도 짐작할
수 있게 도와준다. 그러나 영상으로 보는 것과 직접 가서 체
험하는 것은 상당히 다르다.

4. 짐은 최대한 가볍게

계절별로 짐의 무게는 달라진다. 보통 겨울이 무겁고 여
름이 가볍다. 옷 때문이다. 대략 평균 잡아 10-13킬로그램의
짐을 꾸리는 것 같다. 나는 7킬로그램을 꾸렸다. 양말과 속옷
등의 개수를 줄이고 물품은 되도록 경량 제품으로 준비했다.
그리고 스페인도 사람이 사는 곳이다. 대부분 현지에서 다 살
수 있다. 짐은 최대한 가볍게 꾸리는 게 좋다.

5. 걷기 연습

어찌 보면 준비 중에 제일 중요한 준비다. 하루에 20킬로
미터를 걸을 때 내 몸이 어떻게 되는지를 미리 체험해 보아야
한다. 산티아고 길은 평지뿐 아니라 산악 지역도 많아 연습도
산길에서 해보아야 한다. 나는 초반에 포기하는 여러 사람을

보았다. 물론 시간이 여유롭다면 하루에 자신이 걸을 수 있는 만큼만 걸으면 된다. 그러나 다른 순례자들과 같이 걷고 싶다면 적어도 하루에 20킬로미터는 걸을 수 있어야 한다. 적어도 한두 달 전부터는 연습을 통해 체력을 기르고 몸을 적응시키기 바란다.

6. 여행자 보험

산티아고 길은 다른 여행지에 비해 안전한 편이다. 그러나 30여 일을 걸어야 하는 힘든 길이다. 언제 어떤 일이 일어날지 모른다. 가장 저렴한 종류의 여행자 보험이라도 꼭 가입하고 갈 것을 추천한다. 나 또한 '쓸 일이 없겠지'라며 여행자 보험을 가입했다. 그러나 뜻하지 않게 진드기에 물리게 되었고 대학병원 응급실에 두 번이나 가서 진료를 받았다. 아픈 것만으로 힘든데 병원 비용 처리까지 신경 써야 했다면 더욱 힘들었을 것이다. 여행자 보험 서류 하나로 병원 관련된 모든 일을 처리할 수 있었다. 보험도 들어야 하지만 나처럼 풀이 우거진 숲에 들어가는 것과 같은 위험한 일을 하지 않는 것이 먼저다.

7. 필수 어플

'이거 만든 사람에게 상을 주어야 한다'는 생각이 들 정도로 아주 유익하고 순례에 필수적인 어플이 있다. '부엔카미노'와 '카미노 닌자'다. '부엔카미노'는 프랑스 길, 북쪽 길, 포르투갈 길 등 40개의 다양한 카미노의 모든 코스를 알려주는 어플이다. 길을 선택해서 들어가면 그 길 위에 있는 알베르게가 검색되고 알베르게가 갖추고 있는 시설과 요금, 침대 개수 등이 나온다. '카미노 닌자'도 그와 비슷한데 구간별 거리와 고도를 이미지로 알려주어 내가 걷고자 하는 길의 난이도를 예상해 볼 수 있게 해준다.

8.유심칩 구입

산티아고 길을 걷다 보면 생각보다 스마트폰의 데이터를 많이 사용하게 된다. 어플도 사용해야 하고, 사람들과 연락 주고받을 일도 많다. 그리고 기부금으로 운영되는 알베르게 중에는 와이파이가 없는 곳도 있다. 유럽 통신사의 유심은 저렴하다. 우리나라에서 미리 인터넷을 통해 유심칩을 구입해서 가도 되고 현지에 가서 구입해서 사용하는 것도 좋다. 내가 갈 때는 현지에서 구입하는 것이 훨씬 저렴했다. 당연한 일이지만 유심칩을 사용하면 번호가 바뀐다. 카미노 위에서 만난 친구들과 문자를 주고받고 전화를 할 수 있지만 다시 쓰던 번호로 바뀌게 되면 그럴 수가 없다. 미리 이메일과 SNS 계정을 교환하는 것이 좋다.

9. 짐은 당나귀에게 맡길 수도 있다 - '동키 서비스'

알베르게에서 다음 알베르게로 짐을 부칠 수 있다. 알베르게마다 배낭 딜리버리 신청 봉투(일종의 송장)가 있다. 본인의 이름과 도착할 마을과 알베르게의 이름을 적고 운송 요금 5유로를 봉투에 넣는다. 배낭에 봉투를 묶어 맡기고 출발하면 저녁에 도착하는 곳에서 배낭을 찾을 수 있다. 나는 사용해 본 적은 없으나 일행이 사용하는 것을 옆에서 몇 번 보았다. 드물게 배낭이 늦게 도착하는 경우도 있으나 대부분 찾게 되니 크게 걱정은 하지 않아도 될 듯하다. 몸 컨디션이 좋지 않지만 걸을 정도는 될 때, 혹은 험난한 구간을 걸어야 할 경우 맡겨봄직하다. 짐은 차가 운반한다. 그러나 가끔 진짜 동키가 짐을 나르는 모습을 볼 수도 있다.

10. 가끔은 편안하게 - 사설 알베르게 혹은 에어비앤비

공립 알베르게는 저렴하다. 많게는 100명 정도가 한 공간에서 자기 때문에 다른 순례자들을 만나 사귀고 이야기 나눌 기회도 많아진다. 그러나 숙면하기는 어렵다. 사람마다 잠드는 시간도 다 다르고, 사람이 많아질수록 코 고는 소리 또한 커진다. 요금이 조금 더 비싼 사립 알베르게나 팀을 꾸려 에어비앤비(대도시에서)를 이용해 보는 것도 좋다. 재정적인 여유가 있다면 호텔 독방에서 자는 게 체력 회복에는 좋을 것이다. 산티아고에는 두 종류의 '싼티아고'가 있다고 한국 순례자에게 들었다. 매일 배낭을 메고 알베르게에서 자면서 걷는 것은 '싼티아고'이고, 매일 동키 서비스에 짐을 맡기고 호텔에서 자면서 걷는 것은 '비싼티아고'다. 우스갯소리다. 나는 '싼티아고' 길을 걸었고, 플로리다에서 온 패니는 '비싼티아고' 길을 걸었지만 우리는 모두 산티아고에 이르렀다.

산티아고 다이어리

초판 1쇄	2024년 6월 5일
지은이	김재홍
발행인	임혜진
발행처	옐로브릭
등록	제2014-000007호(2014년 2월 6일)
전화	(02) 749-5388
팩스	(02) 749-5344
홈페이지	www.yellowbrickbooks.com
디자인	위앤드

ISBN 979-11-89363-23-9